U0363649

西园梅放立春先，云镇霄光雨水连。惊蛰初交河跃鲤，春分蝴蝶梦花间。

清明时放风筝好，谷雨西厢宜养蚕。牡丹立夏花零落，玉簪小满布庭前。

隔溪芒种渔家乐，农田耕耘夏至间。小暑白罗衫着体，望河大暑对风眠。

立秋向日葵花放，处暑西楼听晚蝉。翡翠园中沾白露，秋分折桂月华天。

枯山寒露惊鸿雁，霜降芦花红蓼滩。立冬畅饮麒麟阁，绣襦小雪咏诗篇。

幽阖大雪红炉暖，冬至琵琶懒去弹。小寒高卧邯郸梦，捧雪飘空交大寒。

花开未觉岁月深

二十四节气七十二候花信风

丁鹏勃 任彤 撰文

[日]巨势小石 绘

中国画报出版社
CHINA PICTORIAL PRESS

为一个『太阳年』。公历即目前世界上通行的公元历，是罗马教皇格列高利十三世在改革儒略历的基础上于公元一五八二年颁布的。其平年为三百六十五日，每四年增一闰日，为三百六十六日，以符合太阳年的平均长度三百六十五又四分之一日。中国阳历即节气历，为中国独创，体现在二十四节气上，对应地球公转轨道上二十四个不同的位置。每月两个节气，每个节气三候，每候五天，一年共七十二候。公历和中国阳历都是太阳历，只是公历平衡掉了三百六十五天之外的四分之一天的零头，使用起来比较方便，而中国阳历就天文意义来看则更为精准，各个节气交点均精确到秒，节节相扣，无缝对接。

至少在东周以前，人们就以冬至为基点，用测日影的办法得出太阳年『岁实』为三百六十五又四分之一天，这正是地球围绕太阳公转一周所用的时间。但若以地球为中心参照物，以视力所及为半径，便可以假想出一个天球的球面。如此一来，地球围绕太阳公转，就被地球上的人们看作太阳在天球上的投影的位移。这种视觉位移被称为太阳的视运动，其运动轨道就是『黄道』。古人把黄道平均分为星纪、玄枵等十二星次，视太阳运行到哪里就交相应的节气。在一个太阳年中，二十四节气被分别指配给十二个月，每月设一个『节』，就像十二个竹节，两节间为竹中之『气』，故节气又被细分为节和中气。视太阳运行到星次的交界点时为节，如在星纪初点交大雪，玄枵初点交小寒；运行到星次中央时为气，如在星纪中央交冬至，玄枵中央交大寒，依次类推。

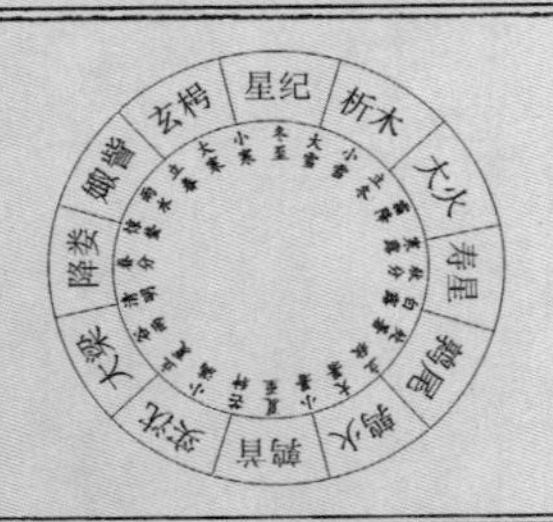

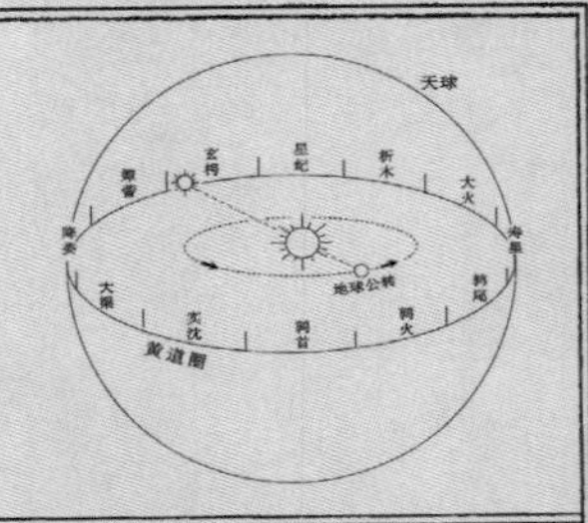

视太阳行经十二星次交节图

前言

阴阳流转　道法自然

如今，当我们翻看一份中国日历时，至少会有四个系统的历面映入眼帘。

星期系统。星期在中国古代称为七曜（音耀），原指日、月、火星、水星、木星、金星、土星七个天体。古人以七曜为序，周期为七天，西方历法的一周七日恰好与此暗合。

阴历系统。月亮又称『太阴星』，通过观测月相盈亏变化所编制的历法即为阴历。以月不能见为『朔』，月满无缺为『望』。从朔到下一次朔或从望到下一次望的周期是一个『朔望月』，时长为二十九天半，采用大月三十天和小月二十九天交替的方法使每月天数取整，十二个月组成一年。

公历系统和中国阳历系统。这两个系统均属阳历，是以太阳为观测对象所编制的历法，所以也叫『太阳历』，以地球围绕太阳公转一周

与朔望月相对应，便会出现阴阳参差的现象。每个节气之间相隔十五天有余，由一节一气构成的阳历月比二十九天半的朔望月多出大约一天的时间，在累计大约十六个月，就会有一个朔望月无可应之中气，如果此时不采取措施，其后的节气也将继续推迟，以致不能再与月令相合，因此规定这个没有中气的月为闰月，并沿用上个月的月序。就这样，我们的祖先运用智慧人为地让节气和朔望月建立起联系，解决了阴历的置闰问题，使物候与月序偏离不超过半个月。

阴阳流转，周而复始。古人通过长期对自然界的观察与观测，洞悉奥秘，总结规律。继而又将规律运用到实践活动中去，以使人顺天应时，得天之赐。『生因春，长因夏，收因秋，藏因冬，失常则天地四塞。阴阳之变，其在人者，亦数之可数』。我国先民不仅将节气作为农事生产的时间指南，引导人们据此有序地安排衣食住行，还『近取诸身，远取诸物』，于俯仰之间，感天应地。以人体十二经脉对应十二辰，运用规律辨证施治；以乐音十二律对应十二月，运用规律以致和谐；『以一日分为四时，朝则为春，日中为夏，日入为秋，夜半为冬』。道法自然，尊重规律的人文理念渗透在中国传统文化的方方面面。在现代科技迅猛发展的今天，它古而不旧，历久弥新，仍然闪烁着智慧的光辉。相信随着对宇宙探索的不断深入，我们将会进一步感受到这一理念散发出的科学魅力。

任彤 二〇一八年元月

月份	节气	
正月	立春	雨水
二月	惊蛰	春分
三月	清明	谷雨
四月	立夏	小满
五月	芒种	夏至
六月	小暑	大暑
七月	立秋	处暑
八月	白露	秋分
九月	寒露	霜降
十月	立冬	小雪
十一月	大雪	冬至
十二月	小寒	大寒

前言

中国历法自成体系，独树一帜，既不同于公历那样的纯阳历，也不同于伊斯兰历那样的纯阴历。我国自有历史记载以来就一直使用阴阳合历，兼顾朔望月和太阳年两种周期，使月符合月亮盈亏的变化，反映月球绕地公转的运行过程；使年符合四季更替的变化，反映地球绕日公转的运行过程。然而，月、地、日这三个不同天体的运动是互相独立的，它们之间没有简单的倍数关系，变化周期并无进制可言。如果以十二个朔望月为一年，总共只有三百五十四天，比太阳年的实际天数少了十一又四分之一天，三年一闰尚少，五年二闰则多。后经计算得出，十九年闰七个月，阴阳方可平衡。那么，应该把阴历的闰月安排在一年当中的什么位置呢？对此，中国先民独创的二十四节气在阴阳合历的实际应用中起了极为关键的作用。

从文献记载来看，二十四节气所被指配的十二个月份，实为黄道圈上的十二等份，属于阳历系统，原本与朔望月无关。假如让它

目录

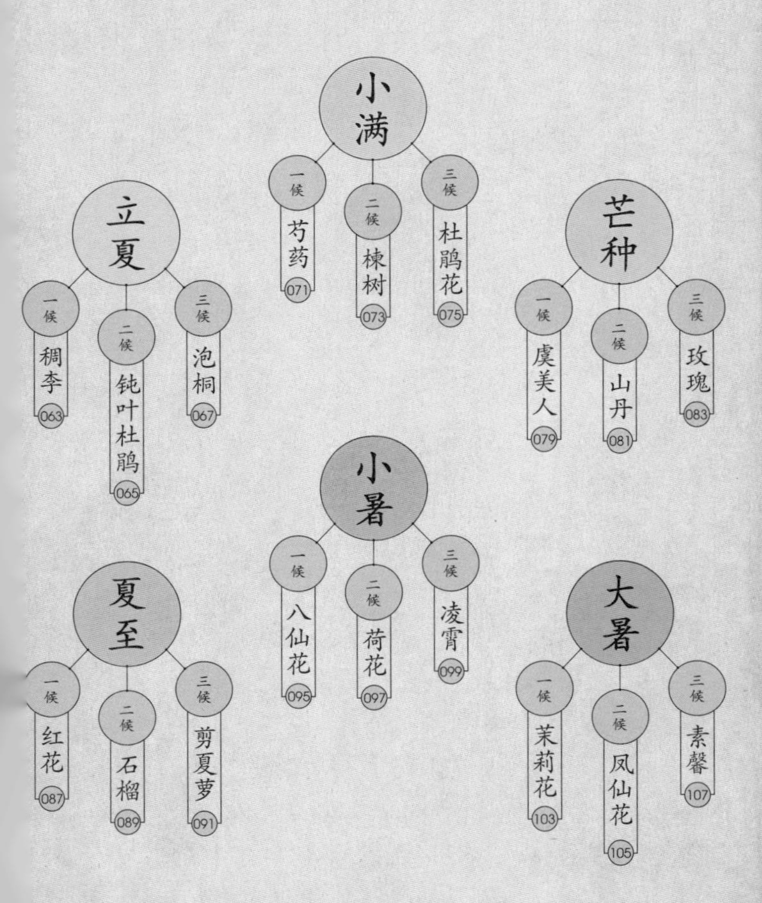

立夏
一候 稠李 063
二候 钝叶杜鹃 065
三候 泡桐 067
小满
一候 芍药 071
二候 楝树 073
三候 杜鹃花 075
芒种
一候 虞美人 079
二候 山丹 081
三候 玫瑰 083
夏至
一候 红花 087
二候 石榴 089
三候 剪夏萝 091
小暑
一候 八仙花 095
二候 荷花 097
三候 凌霄 099
大暑
一候 茉莉花 103
二候 凤仙花 105
三候 素馨 107

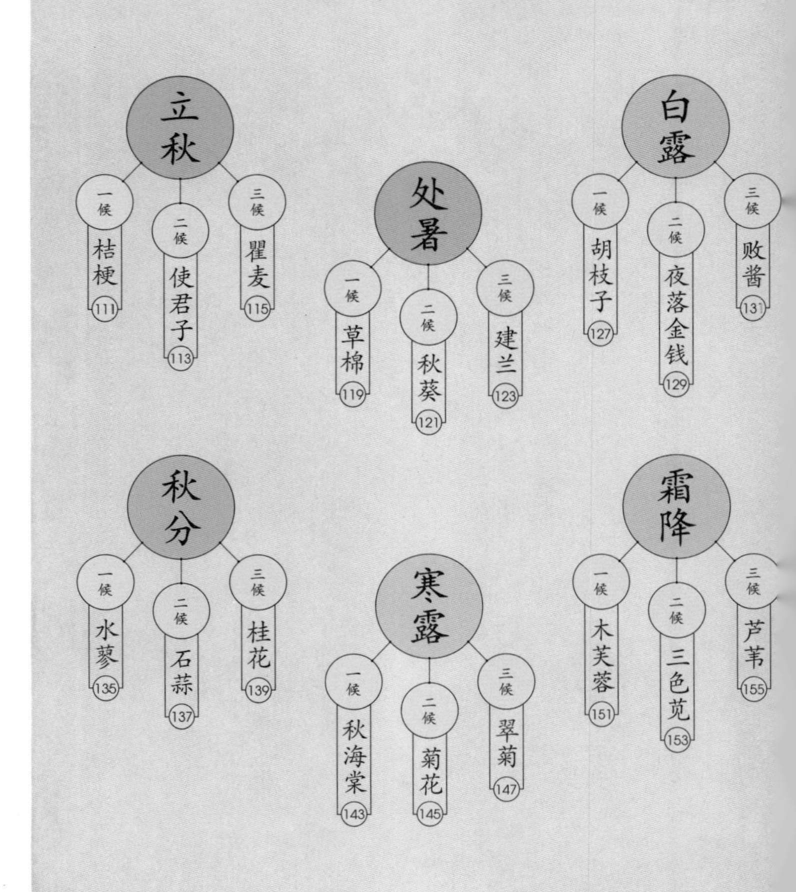
立秋
一候
桔梗
111
二候
使君子
113
三候
瞿麦
115
处暑
一候
草棉
119
二候
秋葵
121
三候
建兰
123
白露
一候
胡枝子
127
二候
夜落金钱
129
三候
败酱
131
秋分
一候
水蓼
135
二候
石蒜
137
三候
桂花
139
寒露
一候
秋海棠
143
二候
菊花
145
三候
翠菊
147
霜降
一候
木芙蓉
151
二候
三色苋
153
三候
芦苇
155

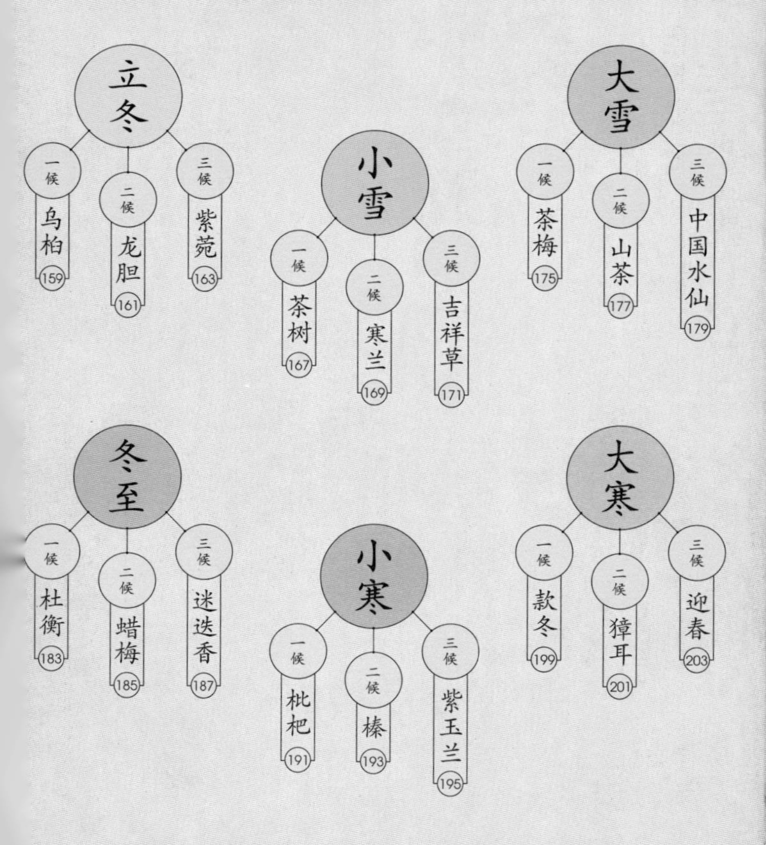

立冬
一候
乌桕
159
二候
龙胆
161
三候
紫菀
163
小雪
一候
茶树
167
二候
寒兰
169
三候
吉祥草
171
大雪
一候
茶梅
175
二候
山茶
177
三候
中国水仙
179
冬至
一候
杜衡
183
二候
蜡梅
185
三候
迷迭香
187
小寒
一候
枇杷
191
二候
榛
193
三候
紫玉兰
195
大寒
一候
款冬
199
二候
獐耳
201
三候
迎春
203

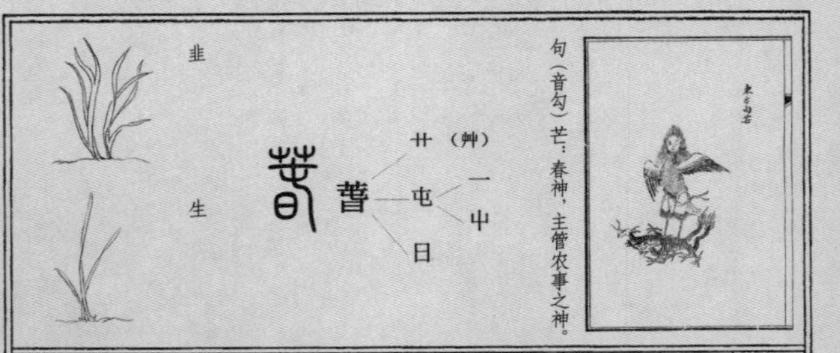

句（音勾）芒：春神，主管农事之神。

了。牛是农事劳动中的重要工具，农人未必舍得鞭打，故而以土牛代之。于立春的前一日，政府官员需至城邑的东郊去迎接春神，参加鞭打土牛的活动。《月令章句》记载：『是月之昏建丑，丑为牛。寒将极，故出其物形象，以示送达之，且以生阳。』可见造之以牛形，亦有寒极阳生的寓意。

在甲骨文中，『春』字形体虽不固定，但并未脱离太阳、大地以及草木这些元素。

至小篆，已成为『艸』『日』『屯』的集合，『萅』也写作『芚』或『旾』。『屯』由『一』和『屮』构成。《说文·屮部》：『屮，草木初生也。』而『一』正是冰封已久的大地。『屮』弯曲尾部，蓄势而发，在阳光的作用下，小草最终坚韧地破土出芽，这就是春的写照。

杜甫在《立春》诗中写道『春日春盘细生菜』，上至宫廷，下至民间，都有立春日吃春盘的习俗。苏东坡一句『青蒿黄韭试春盘』，道破了春盘中的『细生菜』乃为何物。

乍暖还寒之时，韭菜，这种外貌与草最为近似的多年生蔬菜，宿根可耐经冬严寒，待冰雪消融，根芽借着地力蓬勃向上，最先萌生绿意。看来担纲春盘的细生菜即是指刚刚破土的春韭。韭味辛，故春盘又称『辛盘』。经过漫长的冬天，人体脏腑中浊气淤积，可借食辛以驱之。立春日吃春饼即为春盘习俗的延续，常用韭菜、芹菜、菠菜、豆芽、鸡蛋、粉丝等炒成合菜，以薄饼卷食，称之为『咬春』。新春伊始，人们期待年景丰穰，阖家兴旺，因此以芹喻勤劳耕作，以韭喻生命长久。蕴含美好寓意的美味，使『咬春』这一习俗一直流传至今。

立春

在传统意义上，春节并不是指『大年初一』，而是指居于二十四节气之首的『立春』。中国历法的特色是使用阴阳合历，兼顾朔望月和太阳年两种周期的变化，正月初一和立春分属于阴历和阳历两个系统，分别被作为阴历年和太阳年的起始标志。

立春，历来都是一个重要的传统节日，干支纪年即以它为岁首。在北洋政府将公历一月一日定为『元旦』，并将之前的元旦（正月初一）改名为『春节』之前，立春一直都以春节的身份而备受瞩目。《周髀算经》注中称：『四立者，生长收藏之始。』四立即立春、立夏、立秋、立冬，它们是季节的开始，分别开启万物生、长、收、藏之旅。立春位列四立之首，是一切生机的起点，又称『开春』。

自数九的起始日冬至算起，历小寒、大寒，至立春，经过了三个节气，大致四十五天。时值五九刚过，六九来临，正所谓『春打六九头』。之所以用『打』称之，与鞭打春牛的习俗有关。冬为农闲季节，耕牛遂而歇冬。立春交节，东风送暖，大地逐步解冻，草木即将萌发。中国自古以农为本，政府把『劝农』当作一件重要的工作来落实。一年之计在于春，于立春之际举行『鞭春』大典，实际是劝诫农人：农闲已过，应该积极准备新一年的耕作

立春一候　金盞貼地

側金盞花。一名長春菊。苗類胡蘿蔔。花象單瓣菊花。正月之吉。茁而未舒。午閒巡園。唯見金盞箇箇貼地。似有欲獻壽主人之心。

立春一候，东风解冻。阳和至而坚凝散也。

侧金盏花　毛茛科，侧金盏花属。又称红腊花。多年生草本。早春新叶和花一并展开，一茎一花，花瓣多数，倒披针形，金黄色。常见于山坡、草地或林下。

功效　根和全草含福寿草甙、加大麻甙、福寿草毒甙等强心甙以及其他化合物，有毒，也可供药用，可治充血性心力衰竭、心脏性水肿、心房纤维性颤动等症。

木梢寒未觉，地脉暖先知。鸟啭星沉后，山分雪薄时。

唐　曹松《立春》

唐 白居易《立春后五日》

立春后五日，春态纷婀娜。白日斜渐长，碧云低欲堕。残冰坼玉片，新萼排红颗。
遇物尽欣欣，爱春非独我。迎芳后园立，就暖前檐坐。还有惆怅心，欲别红炉火。

立春二候　銀眼遍條

柳屬而其枝揚。故謂之楊。先葉有花。眼之纔脱殼。陸離耀銀。點綴遍條。俗呼爲狗兒柳。

立春二候，蛰虫始振。振，动也。

银芽柳　杨柳科，柳属。落叶灌木，枝丛生，叶椭圆状，葇荑花序先叶开放，无柄，密生丝状毛，有光泽，也称『棉花柳』或『银柳』。早春插瓶观赏其银色花序，十分美观。

功效　《中国植物志》上记载，根据日本学者 Kimura 等的研究，认为银芽柳（*Salix leucopithecia* Kimura）是柳属本种与 *Salix bakko* Kimura（我国不产）杂交产生的一个杂交种。此杂交种花芽大而多，小枝粗壮，均为暗红色；尤其是花芽萌发，花序呈现银白色，有光泽，似棉团，所以才有『棉花柳』或『银柳』之称。花序可染成各种颜色，十分美观，颇受人们欢迎。

泥牛鞭散六街尘，生菜挑来叶叶春。从此雪消风自软，梅花合让柳条新。

宋　王镃《立春》

唐　陆龟蒙《立春日》

去年花落时，题作送春诗。自为重相见，应无今日悲。
道孤逢识寡，身病买名迟。一夜东风起，开帘不敢窥。

立春三候 早梅馥郁

南方地暖。梅花開常早。東西京以皇曆三月爲花期。如飛驛高山。待五六月初開。爲其寒之故也。凡物賞早。古人所以重江南一枝。

立春三候，鱼陟负冰。陟，音职，升也，高也。阳气已动，鱼渐上游而近于冰也。

梅 蔷薇科，李属。落叶小乔木。花粉色或白色，先叶开放，清香馥郁深受欢迎。中国十大名花之首，与兰花、竹子、菊花并称为『四君子』，与松、竹并称为『岁寒三友』。

功效 梅原产我国南方，距今已有三千多年的栽培历史，作观赏或果树均有许多品种。梅的花、叶、根和种仁均可入药。果实可食，如熏制成乌梅入药，有止咳、止泻、生津、止渴之效。

众芳摇落独暄妍，占尽风情向小园。疏影横斜水清浅，暗香浮动月黄昏。
霜禽欲下先偷眼，粉蝶如知合断魂。幸有微吟可相狎，不须檀板共金樽。

宋 林逋《山园小梅》

唐　张谓《早梅》

一树寒梅白玉条，迥临林村傍溪桥。不知近水花先发，疑是经冬雪未销。

人类由原始游牧生活转为农耕，使安稳的定居生活成为现实。对此，炎帝神农氏做出了杰出的贡献，因而被后世尊奉为中国农业的开创者。其制耒耜、种五谷的生产活动亟需风调雨顺的自然条件作为保障。民众期盼五谷丰登，祭祀雨神以求富穰。雨神又称雨师，相传神农时的雨师是赤松子，《搜神记》说他服食水晶，『能入火不烧』。文字诞生后，在甲骨卜辞中出现了很多对降雨进行占卜的内容，这充分说明了先民由于农业生产的需要而对天气变化倍加关注。

雨师赤松子像（明《三才图会》）

『卜雨』骨片摹本

癸卯卜：今日雨？
其自西来雨？其自东来雨？
其自北来雨？其自南来雨？

雨水时节，伴随东南风而来的海洋暖湿空气，与料峭春寒展开频繁的较量。交节后的第六至第十天为这一节气的第二候『鸿雁来』，时至『八九』，大雁已开始从南方飞回北方，草木也由于地中阳气的上升而萌动。地面上河湖解冻，水由固态化为液态，而来自空中的降水也是如此。虽然在雨水交节当日并不一定会有降雨发生，但是降水从此将会以雨的形式出现，而非冰晶形态的雪了。雨水节气后期已入『九九』，春风化雨，润物无声，接踵而至的将是一派『耕牛遍地走』的春耕景象。

雨水

甲骨文『雨』

『二分』、『二至』和『四立』以春夏秋冬作为标准，将一个太阳年等分为八份，故有『八节』之称。『八节』的每个区间又被两个节气平均分割成三段，共计二十四段，即二十四节气。隔开『八节』的节气有的以寒暑命名，如小暑、大暑、处暑、小寒、大寒，有的则以雨、露、霜、雪等自然现象命名，如雨水、白露、霜降、大雪等。其中雨水是一年当中第一个反映降水现象的节气。

雨水于公历每年二月十九日前后交节，大致历经『七九』后期以及『八九』的整个时段。『七九河开，八九雁来』，立春之后，如期而至的东风吹解了水面的坚冰，冰面上已不能像『三九四九』那样供人行走。就连伏在水底躲避严寒的鱼儿也感觉到了阳气所带来的温暖，浮游于冰层之下。正因为『鱼陟负冰』，所以水獭才能当雨水节气到来之际，轻松捕得大量的鱼类并且摆在岸边，看上去就像先祭后食的样子，即所谓『獭祭鱼』。明代农书《月令广义》记载：『是日獭不祭鱼，国多寇贼。』意思是说，如果雨水当令却天寒地冻，看不到『獭祭鱼』的现象，异常的气候就会影响农业收成，甚至出现灾情。民以食为天，对于以农耕为主的古代社会而言，假如百姓食不果腹，便会埋下沦为盗贼的隐患。

雨水一候 菟葵動搖

高不過二三寸。葉類牛扁而瘦。頂開一花。淡白如梅。以其小草而産深山。人少知者。有類隱君子。劉夢得有菟葵燕麥動搖春風之語。吾以爲冤。

雨水一候，獭祭鱼。此时鱼肥而出，故獭先祭而后食。

菟葵 毛茛科，菟葵属。多年生草本，株高十厘米，叶大、掌状深裂；花单生、杯状，黄或白色，花下着生衣领状绿叶一枚。花期冬至早春，耐寒，又称冬菟葵。原产土耳其、丹麦和西欧，我国有三个品种。

功效 常做盆花，或以花坛、花境、自然丛植等形式装点园林。菟葵性寒，有解毒止痛之功效，可治疗淋病、乳痈、疮肿等症。

清 陈维崧《洞仙歌·途次曹县》

河流浩淼，去粘天无岸。白草黄沙古曹县。问居人、谁是傳负羁妻？谁惜我，十载蓬科未转。一鞭官渡口，飒飒西风，落照昏鸦太零乱。叹息旧繁华，往事还非，眢井畔、兔葵开遍。访昔日、东平故侯家，帐绣戟牙幢，一时都换。

清　纳兰性德《忆秦娥·春深浅》

春深浅，一痕摇漾青如剪。青如剪。鹭鸶立处，烟芜平远。
吹开吹谢东风倦，缃桃自惜红颜变。红颜变。兔葵燕麦，重来相见。

雨水二候　歲蘭影瘦

大葉短潤。瘦影綻春。故又謂之報歲蘭。有蘭名而無其香。盆栽家專賞葉。

雨水二候，候雁北。自南而北也。

墨兰

兰科，兰属。多年生草本，叶四到五枚，较宽、全缘；花序长，着花七到二十朵，花暗紫色，唇瓣色浅，芳香，花期正值元旦和春节，又称报岁兰。原产中国，栽培历史悠久，是国兰之名种。

功效

高档礼仪盆花，花枝也可供插花观赏。
墨兰中还育出众多叶形、叶色、叶斑变化多样的『艺兰』名品，深受人们的喜爱。

瑶阶梦结翠宜男，误堕仙人紫玉簪。鹤帐有春留不得，碧云扶影下湘南。

元　唐珙《墨兰》

清　石涛《墨兰》

根已离尘何可诗，以诗相赠寂寥之。大千香过有谁并，消受临池洒墨时。

雨水三候　黄連色驪

葉類芹或象菊。大小長短不一。凌霜雪不凋。清苦之性乃然。一種葉如五加者。花最大。浮出綠葉上。拂之不去。有似梅花點壽陽公主額。或呼爲梅花黃連。

雨水三候，草木萌动。是为可耕之候。

黄连　毛茛科，黄连属。多年生草本植物，叶基生，卵状三角形，三全裂；花葶长十二到五十五厘米，高出叶片，聚伞花序着花三到八朵，花黄绿色，二月到三月开放。原产中国，是传统和著名的中药材。

功效　黄连根状茎似鸡爪，含小檗碱、黄连碱等生物碱，味极苦、性寒，可治急性细菌性痢疾、急性肠胃炎等症。

花细山桂然，阶下不堪嗅。野人剧其根，根长节应九。
苦节不可贞，服食可资寿。其功利于病，有客嫌苦口。
戒予勿种兹，味苦和难受。岂不见甘草，百药无不有。

明　吴宽《黄连》

黄连鸡爪重川西，作颂江淹有品题。脏毒疮疡除痛楚，心疼蛔厥止悲啼。
木香共用肠无痢，人乳同蒸眼不迷。试问苦寒谁可制，盐汤姜汁酒和醺。

清　赵瑾叔《本草诗》

象吻合。所谓『二月震节』当是一个关乎『龙』的节日。

古人制历，意在阴阳调和，『朔日逢节，望日逢气』是最为理想的状态。可惜阴阳有别，节气之间相隔十五天有余，其构成的阳历月要比二十九天半的阴历月多出大约一天的时间。正像上一个壬申（一九九二）年那样，当阴历年的大年初一正逢立春时，惊蛰节气只能交于阴历的二月初二。于是，在阴历月份中留下一系列有趣的节日，如二月二春龙节、三月三上巳节、五月五端阳节、六月六天贶节、七月七乞巧节等。此时『阳气厥析』，春风送暖，黄昏来临，角宿就会出现于东方地平线之上，它昭示着象征春天的巨龙即将现身。如此看来，龙与虫的联系就显而易见了，天上『龙抬头』，地下虫蛇醒。春龙的出现，是开启『九九』春耕的信号，百姓于春龙节当日通过要龙灯、吃『龙食』等风俗活动祈求风调雨顺，五谷丰登。『天子耕地臣赶牛』更是体现出农耕社会对于不误天时的重视。『二月二，龙抬头，大仓满，小仓流』寄托了人们祈获丰收的希望。那么，中华民族把对自然的崇拜凝聚为对龙的崇拜也就不难理解了。

注：由于岁差的原因，现在角宿出现于东方的『龙抬头』现象已推迟到阴历三月之后，据此亦可推知西汉以前『正月启蛰』的合理性。

东方苍龙七宿

甲骨文『龙』

惊蛰

惊蛰是全年气温回升最快的节气，日照时间明显增长，蛰伏于地下的生物也逐渐结束冬眠。汉初之前，该节气被称为『启蛰』，置于雨水节气之前，即《夏小正》所说的『正月启蛰』。因避汉景帝刘启之讳，改为惊蛰。后人认为『万物出乎震，震为雷，故曰惊蛰，是蛰虫惊而出走矣』。为合于月令，遂与雨水调换了位置。立于东汉中平三年的《张迁碑》明确载有『二月震节』『阳气厥析』之语，可见当时惊蛰已被定为二月节。后世以『震』字突出雷的作用为普遍认识，『微雨众卉新，一雷惊蛰始』正是唐代诗人韦应物对这个节气的描写。然而，每年初雷的日期并没有这么早，即使是江南地区也只能在公历三月中旬左右迎来初雷，这样才不会与春分节气的第二候『雷乃发声』相互违犯。若非春雷震响，蛰虫又为何『惊而出走』呢？《易·说卦》解释『震为龙』。将震卦赋予代表东方，对应春季等属性应该源自先民对于自然界的感知和归纳。古人发现恒星间的位置恒久不变，于是选择周天二十八个星宿作为标志来观测日、月、五星等天体的运转，又把它们按照季节所反映出的天文现象想象为四种动物形象，即为『四象』。其中东方七宿有如春季夜空中的一条巨龙，被称为『东宫苍龙』。如果将角、亢、氐、房、心、尾、箕七宿连缀在一起，则与古文字中『龙』的形

啟蟄一候　茱萸峭直

山茱萸。先葉有花。可剪插餅。但嫌枝柯峭直乏雅趣耳。結實如桃葉珊瑚。供藥用。邦人嘗以胡頹子爲山茱萸。又混山茱萸吳茱萸爲一。指胡頹子爲可佩以辟瘟者。誤之甚也。

惊蛰一候，桃始华。阳和发生，自此渐盛。

山茱萸

山茱萸科，山茱萸属（梾木属）。落叶乔木或灌木；伞形花序，花小，黄色，先叶开放，花期三月到四月；果实长椭圆形，红色至紫红色，入秋满树红果累累，观赏效果极佳，重阳节时必佩之以避邪求吉。

功效

山茱萸果肉含有维生素A、维生素C和多种氨基酸等营养物质，明代李时珍的《本草纲目》把其列为补血固精、补益肝肾等的强身之药。

朱实山下开，清香寒更发。幸与丛桂花，窗前向秋月。

唐　王维《山茱萸》

宋　苏轼《惠崇春江晚景二首/惠崇春江晚景二首》

竹外桃花三两枝，春江水暖鸭先知。蒌蒿满地芦芽短，正是河豚欲上时。

两两归鸿欲破群，依依还似北归人。遥知朔漠多风雪，更待江南半月春。

啟蟄二候　連翹妖嬈

有藤本木本二種。並開四瓣黃花。藤本者柔枝妖嬈。甚可觀。木本者收子供藥用。

惊蛰二候，仓庚鸣。黄鹂也。

连翘　木犀科，连翘属。落叶灌木，枝条开展、下垂；花冠黄色，一到三朵生于叶腋，三月到四月开花。原产中国，其树姿优美，早春先叶开花，满枝金黄，芬芳四溢，是优良的早春观赏植物。

功效　连翘味苦、性凉，具有清热、解毒、散结、消肿之疗效。连翘具有很高的经济价值，其籽油和其他提取物可食用和做工业原料等。

儿童莫笑是陈人，湖海春回发兴新。雷动风行惊蛰户，天开地辟转鸿钧。
鳞鳞江色涨石黛，嫋嫋柳丝摇麴尘。欲上兰亭却回棹，笑谈终觉愧清真。

宋　陆游《春晴泛舟》

浮云集。轻雷隐隐初惊蛰。初惊蛰。鹁鸠鸣怒，绿杨风急。
玉炉烟重香罗浥。拂墙浓杏燕支湿。燕支湿。花梢缺处，画楼人立。

宋　范成大《秦楼月·浮云集》

啟蟄三候　麝繡香囊

百花之中。氣尤烈者爲瑞香。蕾之初綻。與麝之自剔香囊比。人因呼瑞香爲麝囊。

惊蛰三候，鹰化为鸠。鹰，鸷鸟也。此时鹰化为鸠，至秋则鸠复化为鹰。

瑞香　瑞香科，瑞香属。常绿灌木，叶长圆形、深绿色；花色外紫内粉，芳香，花期三月到五月。中国传统名花，树姿优美，花繁馨香，寓意祥瑞，古代诗词中赞咏之词颇多。宋《清异录》载：『庐山瑞香花，始缘一比丘，昼寝磐石上，梦中闻花香酷烈，及觉求得之，因名睡香。四方奇之，谓为花中祥瑞，遂名瑞香。』其变种金边瑞香，更以『色、香、姿、韵』四绝蜚声世界园林。

功效　性甘、无毒，全株可入药，具有清热解毒、活血化瘀等功效。茎皮纤维是造纸的良好原料。

宋　张孝祥《丑奴儿·瑞香》

腊后春前别一般。梅花枯淡水仙寒。翠云裘著紫霞冠。
仙品只今推第一，清香元不是人间。为君更试小龙团。

清　顾太清《南乡子·咏瑞香》

花气霭芳芬，翠幕重帘不染尘。梦里真香通鼻观，氤氲。不是娉婷倩女魂。
细蕊缀纷纷，淡粉轻脂最可人。懒与凡葩争艳冶，清新。赢得嘉名自冠群。

少昊像

甲骨文『凤』

运转之间的变化规律。《说文解字》解释龙『能幽，能明，能细，能巨，能短，能长；春分而登天，秋分而潜渊』，大致是对苍龙宿的描述，『能幽能明』应指星辰的闪耀。近大而远小，当有巨细长短之别。斗转星移，则合于春秋二分之象。就像《易·乾卦》所描述的那样，从『潜龙勿用』『见龙在田』到『群龙无首』，正是苍龙宿的一个变化周期。

直射光照的位移是造成四季更替的直接原因。古人发现鸟类的生活规律与寒来暑往之间有着密切的关系，因此，经常利用鸟类的习性作为物候变化的标志。《左传·昭公十七年》记有『玄鸟氏司分者也；伯赵氏司至者也；青鸟氏司启者也；丹鸟者司闭者也』。『分』指春分、秋分；『至』指夏至、冬至；『启』指立春、立夏；『闭』指立秋、立冬。诞生原始凤文化的少昊部族把鸟作为图腾，不但以凤率众，而且用玄鸟、伯赵、青鸟、丹鸟为职官命名。『春分玄鸟降』，这正合于春分初候『玄鸟至』的物候特征。玄为黑色，《毛传》称玄鸟『一名燕』。燕子春分而至，秋分而去，极有规律，故有『玄鸟司分』之称，这也就是少昊部族将鸟名用作官名的主要原因，寄希望于官员如鸟一样各司其职，恪尽职守。

相传蟜（音角）极为少昊之子，帝喾为蟜极之子，帝喾的次妃简狄因吞食燕子卵，孕而生契（音谢）。契为商的始祖，故《诗·商颂》有『天命玄鸟，降而生商』之语。燕子只习惯于空中捕食昆虫，北方冬季没有飞虫可供燕子捕食，因而迁徙至南方。惊蛰过后，『蛰虫惊而出走矣』，燕子即可北迁，筑巢繁殖。这才会给简狄于春分后捡食燕卵提供机会。

春分

虽然二十四节气是中国特产，但其中有四个节气是通行于世界的，即『二分』『二至』。此四者皆为中气，分占四季正中。古人曾根据初昏时北斗斗柄所指方向定四季：斗柄指东，天下皆春；斗柄指南，天下皆夏；斗柄指西，天下皆秋；斗柄指北，天下皆冬。这不过是概括而言，适逢分、至交节之日的初昏，斗柄方能直指东、南、西、北四个正方向。古代帝王对此格外重视，以致留下春分祭日，夏至祭地，秋分祭月，冬至祭天的传统。

《春秋繁露》说：『春分者，阴阳相半也，故昼夜均而寒暑平。』分字由『八』和『刀』组成。八的本义就是分，『象分别相背之形』。加以刀形，是为突出『以刀剖物，使之相别离』的造字意图。就地球而言，切分南北的一刀就是赤道。假如使地球赤道所在的平面无限延伸并与天球相接，就会得到一个大圆圈，即『天赤道』。由于地轴的倾斜，致使天赤道与黄道形成大约二十三点五度的黄赤交角，它们相交的两个点就是春分和秋分。黄赤交角的存在使地球总是倾斜着绕日运行。随着时间流转，阳光直射地球的位置就会发生南北的移动，阴阳寒暑和昼夜的长短也在不停地发生变化。只有当阳光直射赤道时，昼夜才会等长，这样的机会在一年中只有春分和秋分两天。通过长期的观察，人们逐渐发现了这两个特殊日期与星宿

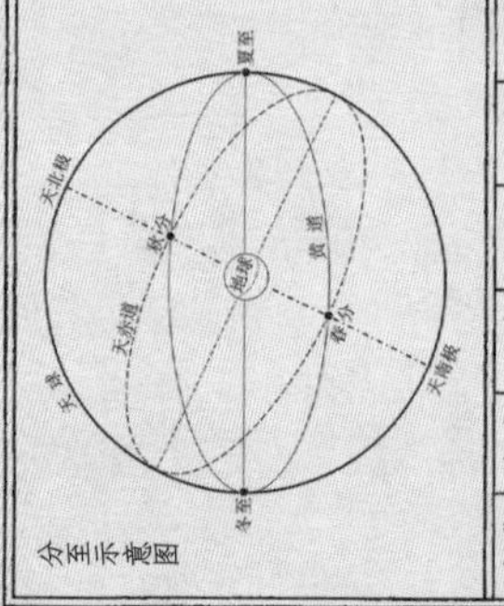

分至示意图

春分一候 驢駄布袋

驢駄布袋。樹高五六尺。葉如小檗較大。開五瓣淡紅花。花後出絲垂實。一蒂二子。一大一小。其色赤。如驢駄布袋。如樹掛壷盧然。

春分一候，玄鸟至。燕来也。

锦带花 忍冬科，锦带花属。落叶灌木，树高三米左右；花冠漏斗状钟形，玫红色，四月到六月开花。主要分布于中国，其枝繁花艳，花期长，抗性强，喜光，耐荫，耐寒，对土壤要求不严，但以深厚、湿润而腐殖质丰富的土壤生长最好，怕水涝。萌芽力强，生长迅速，是北方园林中重要的春季观赏灌木，丛植、群植或做花篱装点室外景观。

功效 锦带花对氯化氢抗性强，是良好的抗污染树种。

天女风梭织露机，碧丝地上茜栾枝。何曾系住春皈脚，只解萦长客恨眉。节节生花花点点，茸茸晒日日迟迟。后园初复无题目，小树微芳也得诗。

宋 杨万里《红锦带花》

妍红棠棣妆，弱绿蔷薇枝。小风一再来，飘飘随舞衣。
吴下妩芳槛，峡中满荒陂。佳人堕空谷，皎皎白驹诗。

宋　范成大《锦带花》

春分二候　杏林術慼

董奉善醫。治病不求報。但使栽杏一株。後人遂以杏花為醫家之物。不言術慼古人。或不可歟。

春分二候，雷乃发声。雷者阳之声，阳在阴内不得出，故奋激而为雷。

杏　蔷薇科，李属。落叶乔木，高达十米；花单生，浅红或近白色，早春三月到四月先叶开放。果实圆或扁圆形，白、黄至黄红色，六月到八月成熟，是我国北方最常见的果树之一。

功效　其果肉富含糖、钙、蛋白质、维生素等多种营养物质，鲜食或加工食用；种子（杏仁）味甘或苦、微温，药、食两用，有止咳平喘、润肠通便等功效。

红花初绽雪花繁，重叠高低满小园。正见盛时犹怅望，岂堪开处已缤翻。
情为世累诗千首，醉是吾乡酒一樽。杳杳艳歌春日午，出墙何处隔朱门。

唐　温庭筠《杏花》

世味年来薄似纱，谁令骑马客京华。小楼一夜听春雨，深巷明朝卖杏花。
矮纸斜行闲作草，晴窗细乳戏分茶。素衣莫起风尘叹，犹及清明可到家。

宋　陆游《临安春雨初霁》

春分三候　櫻桃賞殿

古人呼櫻為白櫻為山櫻。即今之櫻桃花也。自日本櫻專美於東方。莫有復賞櫻桃者。今人唯玩其實耳。

春分三候，始电。电者阳之光，阳气微则光不见，阳盛欲达而抑于阴。其光乃发，故云始电。

樱桃 蔷薇科，李属。落叶小乔木，高二到六米；伞房状花序，花白色，三月到四月开放。果实呈红、橘红或淡黄色，五月到六月成熟，是常见的果树之一。

功效 果实富含糖、蛋白质、维生素等多种营养物质，尤其是含铁量高，位于各类水果之首，可防治缺铁性贫血，增强体质。其性热，味甘，还具有益气、健脾、和胃、祛风湿的功效。

石榴未拆梅犹小，爱此山花四五株。斜日庭前风袅袅，碧油千片漏红珠。

唐　张祜《樱桃》

柏树台中推事人，杏花坛上炼形真。心源一种闲如水，同醉樱桃林下春。

唐　元稹《同醉》

鸟之卵，孕而生契，是为商之始祖，因此被后世奉为高禖神，司管婚育。上巳节主祭此神，临水浮卵即为其主要活动，将煮熟的鸡蛋放在水中，任其漂流，拾到者食之，以求可育子嗣。所谓『长安水边多丽人』，想必丽人们也是去举行类似的祈祷活动。浮卵后衍为浮枣，再衍为曲水流觞。此时由于文人的参与，已赋予了上巳节踏青雅集、畅叙幽情的内涵。在只知其母，不识其父的原始社会，祭祀高禖就是祭祀祖先，这一习俗最终演化为后世对先人的祭扫活动，而寒食正因近于此时，所以也曾被立为『祀祖节』。

孟浩然在《上巳洛中寄王九迥》一诗中同时展现两节的风俗活动，即『浮杯上巳筵』和『斗鸡寒食下』。究竟是那年的寒食正逢巳日，还是上巳那天巧遇寒食呢？一时间，寒食、清明、上巳走碰了头。寒食一名『百五节』，若以冬至后一百零五日计算，差不多就是清明当天，所以《燕京岁时记》中有『清明即寒食』之载。也可以说，寒食开启了清明这一节气，而当这一节气成为节日后，也便延续了寒食的习俗。寒食也好，上巳也罢，皆处清明前后，只不过分别属于阳历和阴历两个不同系统而已。二者原本都与祭祀祈祷生育有关，到后来则明确分工：寒食祭扫以怀先人，上巳求子以开来者。昔日以演出时令戏《焚绵山》来纪念被焚而死的贤士介子推，此时往往会出现降雨现象，传说此雨乃上天惜子推之贤而降，以熄绵山之火，故名『泼火雨』。实际上，在此期间，正是来自东南的海洋暖湿气团比较活跃的时候，它与北方的冷空气交锋，展开空间争夺战，便会呈现出『清明时节雨纷纷』的景象。

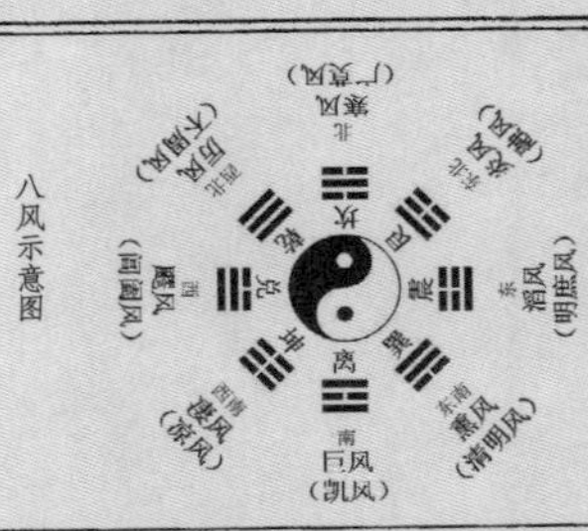

八风示意图

清明

《吕氏春秋·有始》称『清明』为八风之一，八风即八方之风，『巽气所生，一曰清明风』。巽占东南，东南风即指和暖的春风。《燕京岁时记》引《岁时百问》则称：『万物生长此时，皆清洁而明净，故谓之清明。』当太阳视运动在十二星次中行至『大梁』初点的时候，清明交节，故此成为中国阳历系统的『三月节』，而阴历的三月节则为『上巳节』。古人原以三月上旬的巳日为上巳，因阴阳参差，阴历日期不易固定，曹魏以后，定上巳节为三月三日。《兰亭序》描写此节『暮春之初』，『修禊事也』。春日万物生长，病毒易生。所谓『修禊』，是一项传统民俗活动，即人们到水边洗濯，以预防疾病，消灾祈福的仪式。《后汉书·礼仪志》曰：『是月上巳，官民皆洁于东流水上，曰洗濯祓除，去宿垢，为大洁。』看来，修禊是为了达到『清洁而明净』的目的，可谓是名副其实的『清明』。

《说文·包部》说包：『巳在中，象子未成形也。』甲骨文『巳』的字形正是如此，为『胎』之初文。《玉篇》直接以『嗣』释巳，可见『上巳』有『尚子』之义，与人类生殖繁衍的意象有关。上古先民选择这一天来进行祈祷活动，还有祈子这一重大意义，以图滋生繁衍，壮大族群。相传简狄吞玄

甲骨文『巳』

甲骨文『子』

清明一候　玉蘭嬈潔

辛夷木蘭皆可觀。而其可嬈潔于玉比芳于蘭者。獨此花爲然。

清明一候，桐始华。

玉兰 木兰科，木兰属。落叶乔木，高十五到二十米；花大，纯白色，芳香，早春三月到四月先叶开放。原产中国，自唐朝起久经栽培。其花形似莲花，香气似兰，盛开时满树皆白，令人神往，为驰名中外的庭园观赏树木。

功效 玉兰含有柠檬醛、丁香油酸等成分，可药用。其性味辛、温，具有祛风散寒通窍、宣肺通鼻的功效。

霓裳片片晚妆新，束素亭亭玉殿春。已向丹霞生浅晕，故将清露作芳尘。

明　睦石《玉兰》

明　张茂昊《玉兰》

千花红紫艳阳看，素质摇光独立难。但有一枝堪比玉，何须九畹始征兰。

清明二候　桃李争態

東風日暖。梅杏相續謝。此時桃紅李白。東家西家。各各爭態。猶佳人連房呈媚爭寵者。雖非雅人之賞。糕春之盛。以二花為第一。

清明二候，田鼠化为鴽，牡丹华。鴽音如，鹑属，鼠，阴类。阳气盛则鼠化为鴽，阴气盛则复化为鼠。

李　蔷薇科，李属。落叶乔木，高九到十二米；花白色，四月先叶开放；果实近球形，直径可达七厘米，呈紫红等色，果期七月到八月。原产中国，是重要的温带果树之一。

功效　果肉味酸，含有多种氨基酸、植物色素、维生素等营养成分，有补中益气、养阴生津、促进消化、润肠通便等功效，但不可多食，多食易引起虚热脑胀，损伤脾胃。

山源夜雨度仙家，朝发东园桃李花。桃花红兮李花白，照灼城隅复南陌。
南陌青楼十二重，春风桃李为谁容。弃置千金轻不顾，踟蹰五马谢相逢。
徒言南国容华晚，遂叹西家飘落远。的皪长奉明光殿，氛氲半入披香苑。
苑中珍木元自奇，黄金作叶白银枝。千年万岁不凋落，还将桃李更相宜。
桃李从来露井傍，成蹊结影矜艳阳。莫道春花不可树，会持仙实荐君王。

唐　贺知章《望人家桃李花》

李径独来数，愁情相与悬。自明无月夜，强笑欲风天。
减粉与园箨，分香沾渚莲。徐妃久已嫁，犹自玉为钿。

唐　李商隐《李花》

清明三候 海紅雲凝

蜀之有海棠。猶吾邦有櫻花。方其花盛。遠望之與雲如一。邦人愛海棠。專務盆養。西土所呼為垂絲者也。西府海棠樹頗大。花艷於櫻花。人不甚重何耶。

清明三候，虹始见。虹，音洪，阴阳交会之气，纯阴纯阳则无。若云薄漏日，日穿雨影，则虹见。

垂丝海棠 蔷薇科，苹果属。落叶小乔木，高五米；伞房花序，着花四至六朵，玫红色，花梗长、下垂，花期三月到四月。原产中国，花姿优美，早春微风中尤显娇柔艳丽，古人盛赞其姿色、妖态更胜桃、李、杏，是深受人们喜爱的庭院花木。宋代诗人杨万里《垂丝海棠盛开》诗中就有『垂丝别得一风光，谁道全输蜀海棠』一句。

功效 其花味淡、苦，性平，有调经和血、治疗血崩的功效。

东风袅袅泛崇光，香雾空蒙月转廊。只恐夜深花睡去，故烧高烛照红妆。

宋 苏轼《海棠》

宋　王淇《春暮游小园》

一从梅粉褪残妆，涂抹新红上海棠。开到荼蘼花事了，丝丝天棘出莓墙。

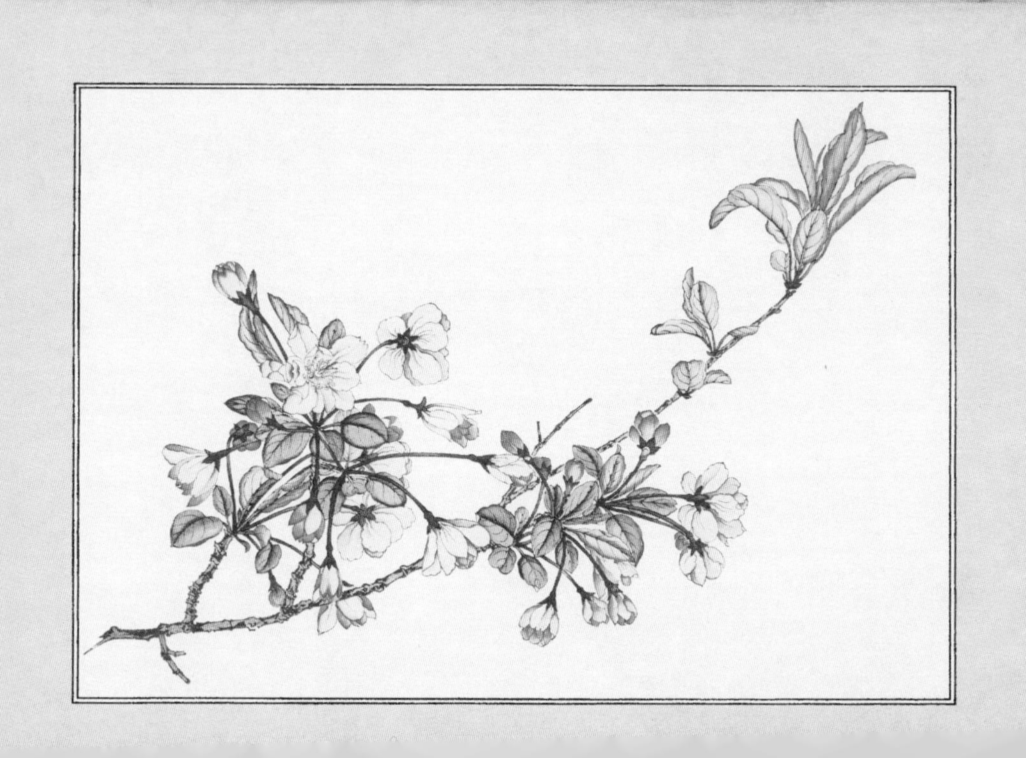

仓颉像（明《三才图会》）

仓颉鸟迹书（传）

民以食为天，粮食的得来对于原始人群来说尤为关键，它是人类进入稳定的文明社会之保障。因此种植经验的传播就显得至关重要，谁得到经验，谁就得到使生命得以维持和延续的粮食。于是关键的武器诞生了，这就是文字。《说文解字·叙》中说：『黄帝之史官仓颉，见鸟兽蹄迒之迹，知分理之可相别异也，初造书契。』这是一件惊天动地的大事，相传仓颉造字之后『天雨粟，鬼夜哭』（《淮南子·本经训》），天上下粮食雨，吓哭了鬼神。说仓颉是黄帝的史官，这一点是可信的。史官负责记事，自然要使用和不断创造记录符号，文字应运而生。有了文字，种植和收获粮食的经验得到顺利推广，生产水平从而大幅度提高，谷粟就像雨一样从天上掉下来，这是形容粮食由此而增产，故称『天雨粟』。此前人们需敬奉鬼神祈佑丰收，而文字产生后人们利用间接经验即可获得丰收，神鬼失意故而夜哭。因此，直到如今，逢谷雨节气到来之际，在某些地区仍然可以看到人们祭祀先圣仓颉的活动。

据宋代姚宽《西溪丛语》所说，仓颉为衙（音语）人，姓侯刚氏。衙为地名，即今陕西白水县东北，当地建有仓颉庙。古文字的形态也许会为如何理解『侯刚』提供一些线索。侯，甲骨文作，（厂）表示山崖，（矢）表示箭。有的金文加『人』，作，表示人狩猎于山崖的行为。刚的甲骨文字形有、、、等多种形态，包括（网）、（刀）、（矢）、（钺）等构件。由此可见『侯刚』一词与先民狩猎大为相关。正是如此，才会和『鸟兽蹄迒之迹』久打交道，为创造文字奠定基础。

谷雨

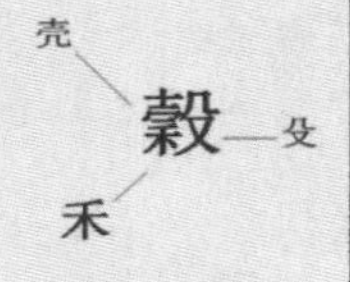

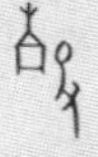
甲骨文『壳』

谷雨是春季的最后一个节气。汉字被规范之后，就看不到『谷雨』一词的原貌了，它原本应被写作『穀雨』。『穀』字左下角的『禾』，揭示了其农作物的身份。除『禾』之外，『穀』还有个零部件『㱿』，只不过现在『㱿』中的『几』已经被拉直成了『一』。从『㱿』的甲骨文字形，可以看出，这个字反映的正是手拿器械敲打带壳农作物的形象，实为脱粒。可见，『穀』原本指有壳的粮食，像稻、稷、黍、麦、豆等。所谓『谷雨』，即指生谷之雨。

时至谷雨，我国南方降水逐渐丰沛，往往会迎来该年度的第一次大规模降雨，对水稻等作物的生长非常有利。而北方大部恰恰是『清明谷雨雨常缺』，春季多风，温度回升后蒸发较快，空气干燥，尤其是在冬季少雪的情况下极易造成春旱。此时，如能降雨则显得格外珍贵，因而有『春雨贵如油』之说。明王象晋《群芳谱》称『谷得雨而生也』。雨水适量有利于越冬作物的返青和春播作物的播种出苗，这些宝贵的经验是先民们在常年的农业劳作中不断积累得来的。

穀雨一候　棣棠金碎

花色純黄比秋菊。柔枝裊娜。映水甚有趣。雨灑風擺。怯金盌破碎。

谷雨一候，萍始生。

棣棠　蔷薇科，棣棠属（棣棠花属）。落叶丛生小灌木，高一到两米；花单生、金黄色，花期四月到五月；原产中国和日本，较耐荫，不耐寒，园林中可做树荫下的绿化材料，衬托深色背景更显花色金黄，景观效果极佳。

功效　其花可入药，有消肿、止咳、止痛、助消化等功效。

绿罗摇曳郁梅英，袅袅柔条韡韡金。荣萼有光倾日近，仙姿无语击春深。
盛传覆弟承华喻，别纪遗恩芾木阴。晚圃甚花堪并驾，周诗明写友于心。

宋　董嗣杲《棣棠花》

宋　范成大《沈家店道傍棣棠花》

乍晴芳草竞怀新，谁种幽花隔路尘？绿地缕金罗结带，为谁开放可怜春？

穀雨二候　紫雲鋪野

雜草可以美地者爲紫雲英。農家播種閑田。翻以爲肥料。及至花時。與麥苗菜花。三色錯雜。美自氍毹。負郭之居違俗之士。晴日登高一望。欣然思往履之。

谷雨二候，鸣鸠拂其羽。飞而两翼相拍，农急时也。

紫云英

豆科，紫云英属（黄芪属）。二年生草本植物，高三十厘米；花冠紫红色，花期二月到六月。原产中国，开花时与田野间的麦苗、油菜花三色混为一体，美不胜收。

功效

重要的经济作物，是我国主要蜜源植物之一，其蜂蜜为保健佳品，还可做绿肥和牲畜饲料。种子可入药，有补气固精、益肝明目、清热利尿之功效。

春来河蚬不论钱，竹扇茶炉载满船。沽得梅花三白酒，轻衫醉卧紫荷田。

清　朱彝尊《鸳鸯湖棹歌》

花向琉璃地上生，光风炫转紫云英。自从天女盘中见，直至今朝眼更明。

唐　元稹《西明寺牡丹》

穀雨三候　紅玉映茵

茂叔呼牡丹為富貴花。紫幄障日。湘簾遮風。各種皆佳。而推大如盤色如紅玉者為最。拂檻映茵。千載之下。令人想沉香亭含笑之女。

谷雨三候，戴胜降于桑。织之鸟，一名戴鵟，降于桑以示蚕妇也，故曰女功兴而戴鵟鸣。

牡丹　芍药科，芍药属。落叶灌木，高两米；花大，单生，单或重瓣，玫红、粉红至白色，花期四月到五月。中国特有花木，一千五百年栽培历史，深受国人青睐，被誉为『国色天香』『花中之王』，清末曾被当作国花，是我国十大传统名花之一，也是世界闻名的花木。

功效　其根皮药用，称丹皮。性微寒，味苦、辛，有抗菌、消炎、祛瘀血、镇痛等功效。

绿艳闲且静，红衣浅复深。花心愁欲断，春色岂知心。

唐　王维《红牡丹》

唐　元稹《牡丹二首》

簇蕊风频坏，裁红雨更新。眼看吹落地，便别一年春。

繁绿阴全合，衰红展渐难。风光一抬举，犹得暂时看。

頁 臼 夊

立夏称人（清《吴友如画宝》）

火如荼的生长季，立夏交节也因此备受重视。据《礼记·月令》记载，古代帝王要在这一天率领百官到京城南郊举行迎夏仪式。夏季炎热，遂以火象征。仪式上要祭祀炎帝祝融，君臣人等的衣着配饰，甚至连车马都使用火红的颜色，以表达对万物生长的祈盼。

在小篆字形中，「夏」字突出了人体的形象。《说文解字》把它解释为「中国人」，由表示头部的「页」、表示双手的「臼」和表示两足的「夊」三部分组成。很显然，这里代表中国人的「夏」源于夏代，并非季节名称。从秦公簋铭文中「夏」的字形来看，像一个大张四肢的「頁」形，这与「大」字的造字理念如出一辙，都是用打开四肢来表示。正如《尔雅》所说：「夏，大也。万物至此皆长大。」可见，夏的本义就是描述万物在夏天长大的这一特征。

但是有些人不堪夏季高温，往往会出现「苦夏」现象，身体乏力，不思饮食，以致体重减轻。直到今天，南方一些地区还流传着立夏当天用大秤称人的习俗，到立秋时再称一次，观察体重在夏季中的变化，以立秋之日吃炖肉的形式补回损失，名为「贴秋膘」，实则被称对象以未成年者居多，以合「夏长」之义，是家长对孩子成长的期望。在这个欣欣向荣的季节，一切都在长大，因此，「夏」字「大」的意义也被借以表示族群之大，以及表达对族群不断壮大的向往。「夏，中国之人也」。这样，就很容易理解以「夏」来代指一个泱泱大国的意义了。

立夏

《鹖冠子·环流》中说：『斗柄东指，天下皆春；斗柄南指，天下皆夏……』这简直像挂在天上的时钟，而北极星就是这个时钟的中心。由于它位处地轴上空，地球又是以地轴为轴心进行自转的，所以，北极星的位置看上去几乎不变。北斗星有如时钟的指针，围绕它不停地旋转。夜幕的降临，给大地带来了黑暗，然而这闪烁的星斗却可以指引人们辨别方向，勘定季节。

斗转星移，光阴荏苒，大地上动植物的生长也随之发生变化。少昊部族以青鸟司启，孔颖达解释说，启就是立春和立夏，青鸟立春鸣而立夏止。立夏交四月节，斗柄指向东南方，此时万物的生长模式悄然开启。尤其是春播作物，已经遵循春种夏长的规律，进入了如

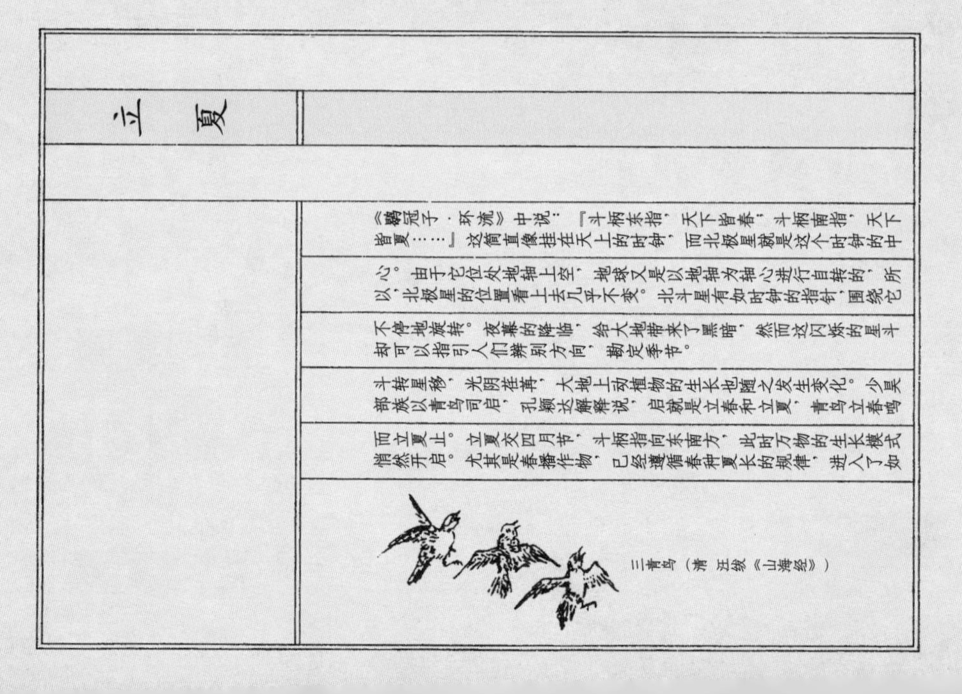

三青鸟（清 汪绂《山海经》）

立夏一候　山礬閣前

山礬。葉似冬青。可用涤黄。白花五出。十百攢開。香氣襲人。東山處處有之。清水寺大悲閣前一樹。樹古而花繁。高士所賞。

立夏一候，蝼蝈鸣。蝼蛄也，诸言蚓者非。

稠李　蔷薇科，李属。落叶乔木，高可达十三米，总状花序下垂，长七到十五厘米，着花十到二十朵，花白色、清香，花期四月到五月。北亚、北欧均有分布，耐寒性强。春观其修美的花序，秋赏红叶和亮黑色的果实，是优良的观赏树木。在园林、风景区可孤植、片植、丛植、群植或植成大型彩篱，又可作为城市行道树以及小区绿化的风景树使用。

功效　叶可入药，有镇咳祛痰之功效。果含蛋白质、糖等，可鲜食或加工。还是优质木材和蜜源植物。

四时天气促相催，一夜薰风带暑来。陇亩日长蒸翠麦，园林雨过熟黄梅。
莺啼春去愁千缕，蝶恋花残恨几回。睡起南窗情思倦，闲看槐荫满亭台。

南宋　赵友直《立夏》

宋 文天祥《山中立夏用坐客韵》

归来泉石国，日月共溪翁。夏气重渊底，春光万象中。
穷吟到云黑，淡饮胜裙红。一阵弦声好，人间解愠风。

立夏二候　石巖水濱

躑躅先開。次開者石巖。最後杜鵑花。石巖著花尤甆殆至不見葉。栽在水濱。紅影漾波。對岸望之。五叢作十叢看。

立夏二候，蚯蚓出。蚯蚓阴物，感阳气而出。

钝叶杜鹃

又名石岩。杜鹃花科，杜鹃花属。常绿或半常绿灌木，高一米，花两到三朵簇生枝顶，花冠漏斗状，有红、粉红等色，花期四月到五月。原产日本，耐热，不耐寒，我国东南部也有栽培。

功效

为杜鹃属中著名的栽培种，属小花、多花类型，盛开时花朵覆盖整个树冠，美丽壮观，园林中最宜群植观赏。还是制作花篱和盆景的优良材料。

吾家正对紫阳山，南向宜添屋数间。百岁十分已过八，只消无事守穷闲。

宋　方回《立夏》

宋　陆游《立夏》

赤帜插城扉，东君整驾归。泥新巢燕闹，花尽蜜蜂稀。
槐柳阴初密，帘栊暑尚微。日斜汤沐罢，熟练试单衣。

立夏三候 白桐迎夏

白桐謂其材。紫桐謂其花。紫本閒色。夫子惡其奪朱。然桐花之浮葉上。楝花紫藤之潛葉底。洵美且都。非桃李妖艷之比也。

立夏三候，王瓜生。王瓜色赤，阳之盛也。

泡桐 又名白花泡桐。玄参科，泡桐属。落叶乔木，高二十到二十五米。单叶，叶大，卵形。花冠钟形或漏斗形，白色，四月到五月先叶开放。原产中国，速生树种，春天白花满树，夏日绿荫如盖，常做庭荫树和行道树。

功效 花、叶、果、根均可入药，味苦，性寒，有祛风解毒、化痰止咳等功效。其材质上乘，是制造家具、乐器和造纸的良好材料。

渐觉风光燠，徐看树色稠。蚕新教织绮，貂敝岂辞裘。
酷有烟波好，将图荷芰游。田间读书处，新笋万竿抽。

宋 薛澄《立夏》

明　蔡汝楠《山中立夏即事》

一樽开首夏，独对落花飞。幽僻还闻鸟，清和未换衣。
绿畴携影合，香饭药苗肥。尽日柴关启，蚕家过客稀。

手摇缫车（清《豳风广义》）

『祈蚕节』，因此于这天祭祀蚕神的习俗被广为流传。这是为纪念养蚕缫丝的创造者嫘祖，后世仰其功而颂其德，故尊奉她为蚕神。唐代赵蕤在《嫘祖圣地》碑文中写道：『嫘祖首创种桑养蚕之法，抽丝编绢之术，谏诤黄帝，旨定农桑，法制衣裳。』嫘祖是黄帝的妻子，少昊的母亲。这是一位伟大的女性，她倡导婚姻，母仪天下，确立了以家庭为基础单位的社会构成。她教化民众纺织、制衣，再也无须用树叶蔽体。『始制文字，乃服衣裳』。小满祭嫘祖和谷雨祭仓颉一样，都是称颂先圣功德的传统活动。

叀　车

在民间，还传有小满节气祭车神的习俗。至少在距今四千六百年前，我国先民就已经创造出了人力车。传说黄帝是车的发明者，他还利用原始指南车在大雾中辨别方向，战败蚩尤，统一了黄河流域的大片土地。黄帝的氏名为轩辕，而轩、辕二字都与车有关。《路史》说黄帝在空桑山北创造车子，『横木为轩，直木为辕，故号曰轩辕氏』。车实际上是所有轮动装置的总名，既包括承担田间农活的车辆，也包括与之原理相同、分工不同的『叀』、缫车等纺织工具，这样的分工与我国古代家庭男耕女织的自然分工方式极为相似。『一夫不耕或受之饥，一妇不织或受之寒』。于小满时节祭祀蚕神与车神，正是出于对人文始祖的敬仰和缅怀。

小满

二十四节气的形成并非一蹴而就，而是在服务于农耕的过程中不断调整，终至完善。节气的名称大都可以见其名而晓其意，有些与农作物直接相关，比如『小满』就是由谷物的生长进程来命名的。小满节气是四月的中气，《月令七十二候集解》中说：『小满者，物致于此，小得盈满。』麦类等夏熟作物的籽粒在这一时节已开始饱满，但还没有完全成熟，因此称为小满。

春分时，『天子耕地臣赶牛』是为了劝课农桑，督促和勉励人们要让以农业为主的自然经济得到持续发展。经过两个月来的努力，庄稼长势正旺，已经小有收成。元稹在《二十四节气诗》中描写小满『田家私黍稷，方伯问蚕丝』。意思是说，地方长官在春夏农忙季节，巡行乡间，在视察庄稼生长的同时，还要过问蚕桑的情况，使二者并行，不能偏废。桑与农既是立国之本，也为家庭生活提供了最基本的衣食来源。

时逢初夏，『麦穗初齐稚子娇，桑叶正肥蚕食饱』。春蚕已完成结茧，正待采摘缫丝。相传小满当日为蚕神诞辰，又称

桑叶　范培融 绘

小滿一候　紅藥殿春

芍藥次牡丹開。猶是春花之殿。俗形容美人。立則芍藥坐牡丹。言其有豐肌弱骨不堪衣之態度也。花色不一。以紅者爲上。故又謂之紅藥。

小满一候，苦菜秀。火炎上而味苦，故苦菜秀。

芍药　芍药科，芍药属。多年生草本植物，高六十到一百二十厘米。花一到三朵生于枝顶，单瓣或重瓣，花色丰富，花期四月到五月。原产中国的传统名花之一。其色、香、韵均可与牡丹媲美，常群植，继牡丹花后万紫千红，蔚为壮观。

功效　根药用，中药名白芍或赤芍，含有芍药甙和安息香酸等，为滋阴补血之上品，具有镇痉、镇痛、通经的作用。

闲来竹亭赏，赏极蕊珠宫。叶已尽余翠，花才半展红。
媚欺桃李色，香夺绮罗风。每到春残日，芳华处处同。

唐　潘咸《芍药》

宋　张镃《芍药花二首其一》

自古风流芍药花，花娇袍紫叶翻鸦。诗成举向东风道，不愿旁人定等差。

小滿二候　紫楝色褪

二十四番花信風。以楝花為殿。樹高而葉密。花碎而色紫。雅觀有餘。只恐風饕雨虐失其真。品評宜及其色未褪。

小满二候，靡草死。葶苈之属。

楝树　楝科，楝属。落叶乔木，高十五到二十米。圆锥花序，花堇紫色、芳香，五月开放。中国特有速生树种，土壤适应性强，抗空气污染，常做城市及工矿区的庭荫树和行道树。

功效　经济价值极高。全株入药，有舒肝行气、驱虫疗癣之功效。木材是制造高级家具的原料。提取物楝素、芳香油用于卫浴商品的生产，树皮造纸，种子榨油。

绿树菲菲紫白香，犹堪缠黍子沉湘。江南四月无风信，青草前头蝶思狂。

宋　张蕴《咏楝花》

楝花风起漾微波，野渡舟横客自过。沙上儿童临水立，戏将萍叶饲新鹅。

明　邵亨贞《贞溪初夏》

小滿三候　杜鵑血新

禽有杜鵑。花亦有杜鵑。豈以花開禽啼適同時乎。俗傳。蜀王杜宇死爲鵑。盡聲而啼。至于吐血。謂其口中之赤也。遂至以花之紅爲啼血所染。傅會之甚。嵐峽之水。自鳳津至嵯峨。左右皆花。舟下溪者。以芒種爲時。

小满三候，麦秋至。秋者，百谷成熟之期。此时麦熟，故曰麦秋。

杜鹃花　杜鹃花科，杜鹃花属。常绿或半常绿灌木，高二到三米。花二到六朵簇生，红色，传说因杜鹃鸟咯血染成，花期四月到六月。中国十大传统名花之一，备受国人青睐，被誉为『花中西施』。春时花开遍野，鲜艳夺目，故又名映山红，是驰名中外的观赏花木。

功效　全株入药，有行气活血、补虚等功效。喜酸性土壤，常做酸性土指示植物。

蜀国曾闻子规鸟，宣城还见杜鹃花。一叫一回肠一断，三春三月忆三巴。

唐　李白《宣城见杜鹃花》

陌上濛濛残絮飞，杜鹃花里杜鹃啼。年年底事不归去，怨月愁烟长为谁。
梅雨细，晓风微，倚楼人听欲沾衣。故园三度群花谢，曼倩天涯犹未归。

宋　晏几道《鹧鸪天·陌上濛濛残絮飞》

麦（明《三才图会》）

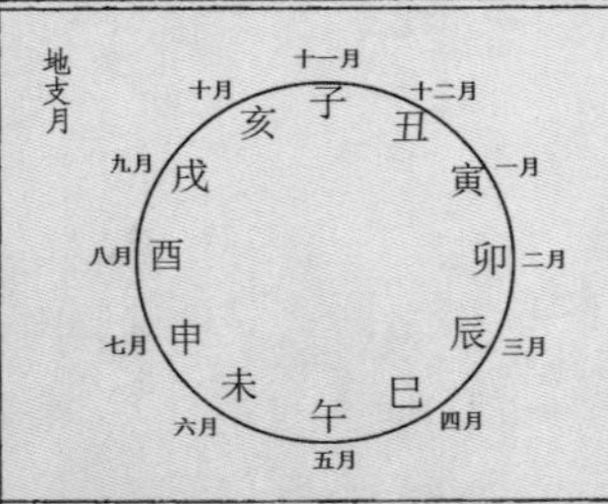

地支月

后，梅子也就由青变黄了。

在另一部文学名著《红楼梦》中，则描写了芒种饯花神的情景：『这日未时交芒种节。尚古风俗：凡交芒种节的这日，都要设摆各色礼物，祭饯花神，言芒种一过，便是夏日了，众花皆卸，花神退位，须要饯行。』春分前后，百花竞相开放，因春分为二月中气，故也将阴历二月中设为『花朝节』，亦称『百花生日』，这天人们会举行『迎花神』的祈福活动。时至芒种，花朵凋零，人们『或用花瓣柳枝编成轿马』，『或用绫锦纱罗叠成千旄旌幢』，以此作为『送花神』的仪式。花开花落本是自然规律，而人们却要迎、送，对花如此亲近和崇拜，这是出于对大自然的敬畏，以期待来年花神再次降福于人间。借用刘姥姥的一句酒令：『花儿落了结个大倭瓜。』花儿虽然落了，但这却是走向丰收的必然过程。灿烂春华的谢幕，正是收获丰硕秋实的前奏。

夏历以地支月『寅月』作为年初之月，即以立春为岁首，按地支顺序推算，芒种所在的第五个月正是『午月』，因而五月节又称『端午节』。即使该节被定于阴历的五月初五，仍旧不离芒种交节前后，偏差最多不出半月。这是一年当中第一个庆贺收成的节日，热闹程度并不逊于秋收。此时，桑葚、樱桃已然成熟，成为当令果品，粽子更是这个节日不可或缺的特色食品。粽子一名『角黍』，早在纪念伍子胥、屈原、曹娥之前的西周就盛行用牛角祭祀社神或谷神。以黍为角，这种将农业成果作为飨献的行动，显然表达了先民感恩天时天赐，祈求天佑民丰的愿望。

芒种

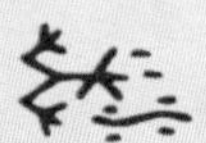

甲骨文『黍』

甲骨文『麦』

《说文》称麦为『芒谷』，芒指的是禾本科植物种子壳上的细刺。芒种为五月之节，即视太阳行至星次『鹑首』之初的位置。小麦、大麦等有芒作物已经成熟，又逢谷黍类作物播种的节令，故称芒种。田间地头于此时收割、播种，倍加繁忙。『田家少闲月，五月人倍忙。夜来南风起，小麦覆陇黄。』白居易在《观刈麦》中勾勒出一幅田家收割小麦时的忙碌画面。

《三国演义》写建安三年（一九八年）夏，曹操征宛城张绣时『见一路麦已熟，民因兵至，逃避在外，不敢刈麦』。为严肃军纪，便上演了『马踏麦田』『割发代首』等一幕幕好戏，而这一期间实为节交芒种之际。曹操在一年之后『青梅煮酒论英雄』时回忆，宛城之役恰恰是著名成语『望梅止渴』所发生的时间段。『适见枝头梅子青青……以鞭虚指曰：「前面有梅林。」军士闻之，口皆生唾，由是不渴』。芒种节气，麦子虽然到了收割的时候，但梅子还是青的，需用酒煮去酸涩的味道，才好食用。曹刘青梅煮酒之时，『酒至半酣，忽阴云漠漠，骤雨将至』。多雨是这个季节的特点，梅子的成熟正是要经历这样一个时段，在江南被称为『梅雨天』。就像南宋诗人赵师秀描写的那样：『黄梅时节家家雨，青草池塘处处蛙。』梅雨过

芒種一候　麗春滿園

麗春花。一名虞美人草。嫣然低頭。甚有嬌容。分畦栽之。可以比曉日靚裝千騎女。

芒种一候，螳螂生。俗名刀螂，说文名拒斧。

虞美人

又名丽春花。罂粟科，罂粟属。一二年生草本植物，高可达八十厘米。花单生，花瓣四枚，花有白、粉红、红等色，四月到七月开放。原产欧洲，我国早有栽培。虞美人因『霸王别姬』的故事得名，故有生离死别、坚贞守候之寓意。花期长，花朵艳丽、轻盈飘逸，常用于花坛、花境装饰。

功效　全株入药，含多种生物碱，有镇咳、止泻、镇痛等功效。

时雨及芒种，四野皆插秧。家家麦饭美，处处菱歌长。
老我成惰农，永日付竹床。衰发短不栉，爱此一雨凉。
庭木集奇声，架藤发幽香。莺衣湿不去，劝我持一觞。
即今幸无事，际海皆农桑。野老固不穷，击壤歌虞唐。

宋　陆游《时雨》

怨粉愁香绕砌多，大风一起奈卿何。乌江夜雨天涯满，休向花前唱楚歌。

清　吴信辰《咏虞美人花》

芒種二候　山丹盈尺

均是六瓣。仰向上者爲山丹。俯向下者爲卷丹。不仰不俯左右顧者爲百合。卷丹莖尤長。山丹莖尤短。高纔盈尺。色以赤爲常。故曰丹。

芒种二候，鹃始鸣。鹃，屠畜切，伯劳也。

山丹 又名细叶百合。百合科，百合属。多年生草本植物，高六十到八十厘米，地下具鳞茎。花单生或成总状花序，花鲜红色，有香气，花期七月到八月。原产中国，极耐寒，抗病。其植株挺拔、花色艳丽，适宜在园林中丛植，点缀景观。

功效 鳞茎富含淀粉、生物碱、钙、磷等营养成分，药、食两用，有养阴润肺、清心安神等滋补作用。

春去无芳可得寻，山丹最晚出云林。柿红一色明罗袖，金粉群虫集宝簪。花似鹿匆还耐久，叶如芍药不多深。青泥瓦斛移山药，聊著书窗伴小吟。

宋　杨万里《山丹花》

偶然避雨过民舍，一本山丹恰盛开。种久树身樛似盖，浇频花面大如杯。
怪疑朱草非时出，惊问红云甚处来。可惜书生无事力，千金移入画栏栽。

宋　刘克庄《山丹》

芒種三候　玫瑰可珍

產于濱海之地。鐵幹多刺。葉如野薔薇。花如金罌子。色粉紅氣清遠。藏落英于書冊中。經年色香依然。結實如玫瑰。玫瑰赤珠之可珍者。

芒种三候，反舌无声。百舌，鸟也。

玫瑰 蔷薇科，蔷薇属。落叶丛生灌木，高两米，枝干密生皮刺。花紫红、白色，浓香，花期五月到六月。原产中国、日本等地。园林中常做花篱，或丛植于草坪、坡地观赏。

功效 为重要经济作物。花含芳香醇、脂肪酸等三百多种化学成分，玫瑰精油为世界香料工业的主要原料。果实和花瓣富含维生素C，食之有活血、养颜、防病、抗衰老的功效。

天气清和树荫浓，冥蒙薄雨湿帘栊。蔫红半落生香在，向晚玫瑰架上风。

宋　贺铸《北园初夏》

唐　唐彦谦《玫瑰》

麝炷腾清燎，鲛纱覆绿蒙。宫妆临晓日，锦段落东风。
无力春烟里，多愁暮雨中。不知何事意，深浅两般红。

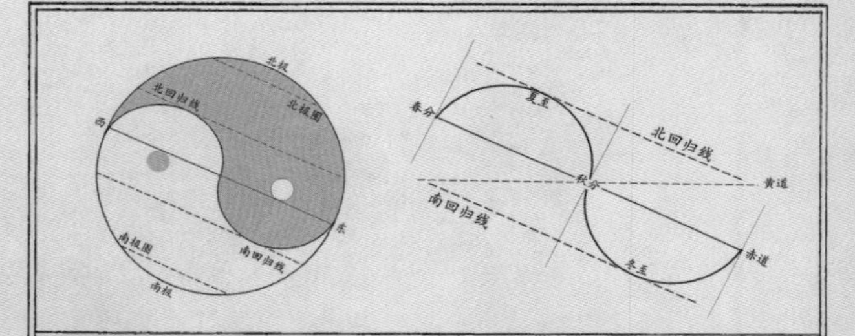

就是这个现象。

阳光照射大地的角度不断地南北移动，在地球上留下一个很有规律的曲线轨迹。如果以太阳年的时间长度作为一个周期，以春分或秋分作为起点，所得到的曲线就会与太极图中的『S』曲线吻合，夏至即是处于峰顶的阳极之点。很显然，在平面上表现地球的三维空间变化需要进一步的提炼和升华，可见太极图是先民用以说明这个周期变化的三维图标。虽然后世探求太极图起源的学说很多，但它一定和人们天天见面的太阳关系最为密切，太极图体现的应该就是太阳在地球上投影的变化规律。由此可见，是阳光与阴影最初给予了人类道法自然的灵感。

窥天鉴地使人类在获取物质赐予的同时，也拥有了非凡的智慧，从而化作对自然的崇拜。《礼经·郊特牲》中说：『地载万物，天垂象，取财于地，取法于天，是以尊天而亲地也。』古人以天属阳，地属阴。夏至阳极而阴生，于是，帝王此日至方丘举行祭地典礼，成为一年当中与冬至祭天同样隆重的祭祀活动。

夏至过后，尽管光照时间日渐缩短，然而并不意味着天气就此转凉，恰恰相反，这正是盛夏来临的标志。如同一天当中最热的时候并非正午，而是午后两点左右，是地表吸热之后大量放热的时段。夏至之后与正午之后散发热量的道理相同，所谓『阴生』，是指地下阴气的上升，这种上升会把日照辐射到地层之下的暑气催返地表，以致人间迎来一年当中最为炎热的时候。

夏至

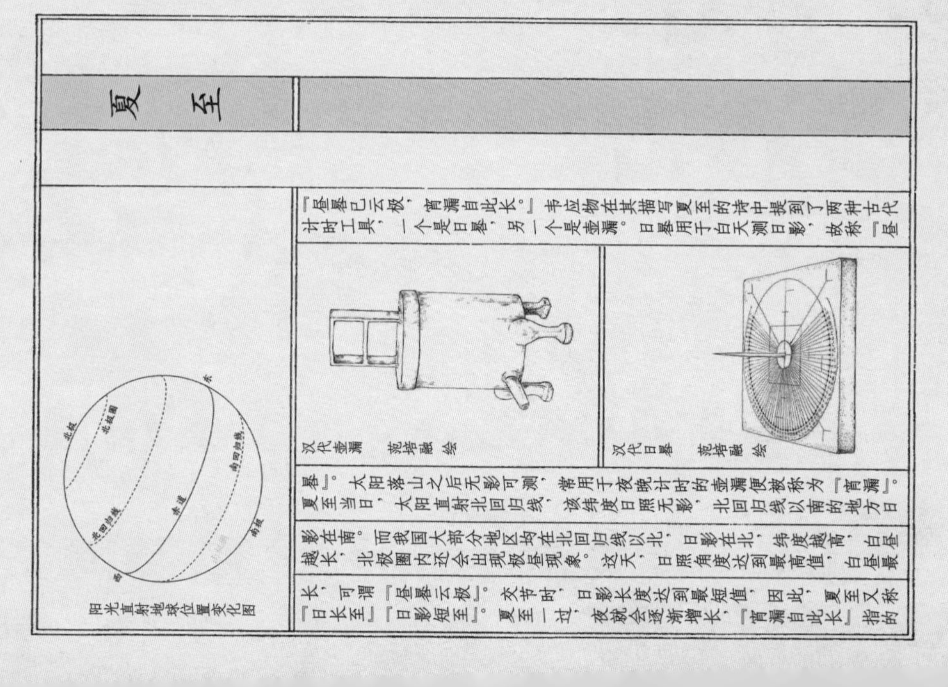

阳光直射地球位置变化图

汉代壶漏　范培融 绘

汉代日晷　范培融 绘

『昼晷已云极，宵漏自此长。』韦应物在其描写夏至的诗中提到了两种古代计时工具，一个是日晷，另一个是壶漏。日晷用于白天测日影，故称『昼晷』。太阳落山之后无影可测，常用于夜晚计时的壶漏便被称为『宵漏』。

夏至当日，太阳直射北回归线，该纬度日照无影，北回归线以南的地方日影在南。而我国大部分地区均在北回归线以北，日影在北，纬度越高，白昼越长，北极圈内还会出现极昼现象。这天，日照角度达到最高值，白昼最长，可谓『昼晷云极』。交节时，日影长度达到最短值，因此，夏至又称『日长至』『日影短至』。夏至一过，夜就会逐渐增长，『宵漏自此长』指的

夏至一候　紅藍堪摘

花葉類小薊。染料多種。莫若紅花之美。葉之嫩可煠爲茹。子之老可榨爲油。利民之功可次藍。

夏至一候，鹿角解。阳兽也，得阴气而解。

红花 又名红蓝菊。菊科，红花属。一年生草本植物，高五十到一百厘米。头状花序，管状花橘红色，香气奇特，花期五月到七月。原产中亚，我国多作药用植物栽培。

功效 花含植物色素、多糖等百种化学及营养成分，有通经、活血、止痛、化瘀的功效，主治跌打损伤、妇科病等。提取的红色素是工业染料，黄色素则常做食品添加剂。

唐　韦应物《夏至避暑北池》

昼晷已云极，宵漏自此长。未及施政教，所忧变炎凉。
公门日多暇，是月农稍忙。高居念田里，苦热安可当。
亭午息群物，独游爱方塘。门闭阴寂寂，城高树苍苍。
绿筠尚含粉，圆荷始散芳。于焉洒烦抱，可以对华觞。

李核垂腰祝饐，粽丝系臂扶羸。节物竞随乡俗，老翁闲伴儿嬉。

宋　范成大《夏至》

夏至二候　安石榴明

自漢使得之西域。已爲張氏之果。百子同房。又似公藝之居。黴雨湮鬱之日。朱花如火。得雨欲然。可以蘇書窗午倦之眼。

夏至二候，蜩始鸣。蜩，音调，蝉也。

石榴　又名安石榴。石榴科，石榴属。落叶灌木或小乔木，高二到七米。花色鲜红似火，花期五月到七月。九月到十月成熟。浆果大，酸甜多汁。原产中亚，我国黄河以南多有栽培，是常见的果树。在园林中孤植、丛植观赏，制作盆景更受喜爱。

功效　全株药用，性温、味甘酸涩，具有生津止渴、收敛固涩、止泻止血、抗菌驱虫等功效。

别院深深夏席清，石榴开遍透帘明。树阴满地日当午，梦觉流莺时一声。

宋　苏舜钦《夏意》

宋　苏轼《阮郎归·初夏》

绿槐高柳咽新蝉，薰风初入弦。碧纱窗下水沉烟，棋声惊昼眠。

微雨过，小荷翻。榴花开欲然。玉盆纤手弄清泉，琼珠碎却圆。

夏至三候　剪夏羅赤

剪羅爲花。勝紙裁遠矣。刻通草爲花。則又勝綾羅之美。而奈竟欠芬芳。此種四時有花。各異名。春開者爲剪春羅。夏開者爲剪夏羅。花皆無香。剪羅滦絳稍可擬。

夏至三候，半夏生。药名也，阳极阴生。

剪夏萝

石竹科，剪秋萝属。多年生草本植物，高四十到九十厘米。聚伞花序，花橙红色，无香气，花期六月到七月。原产我国长江流域，园林中多配植于花坛、花境和岩石园，也可做切花。

功效　全草入药。味甘、性寒，具有解热、镇痛、消炎、止泻等功效。外用可治带状疱疹。

璿枢无停运，四序相错行。寄言赫曦景，今日一阴生。

唐　权德舆《夏至日作》

宋　洪咨夔《夏至过东市二绝》

插遍秧畴雨恰晴，牧儿顶踵是升平。秃穿犊鼻迎风去，横坐牛腰趁草行。

温湿度升高为植物生长提供有利条件的同时，也为一些细菌提供了成活的温床，尤以霉菌的滋生最为明显。因此，民间有在六月初六晾晒衣物的传统，实为一种卫生习惯。佛教以此日为『翻经节』，借唐僧取经归途中晒经之事而发挥，也是为防止暑日中经卷霉变而采取的保护措施。

在小暑节气中，人们将迎来一年当中最热的天气——伏天。民谚『夏至三庚便数伏』，说的就是伏天开始日的计算方法。古人以天干纪日，天干即甲、乙、丙、丁、戊、己、庚、辛、壬、癸，共十个。因其数值完整，又符合一旬十日的天数，故常被作为日期的代称。『庚』是天干中的一个，循环一庚需要十天，『夏至三庚』指夏至后的第三个庚日，为入伏之日。与『冬至即数九』相比，数伏显得较为复杂。以公元二〇一八年为例：六月二十一日夏至为甲申日。六天后即第一个庚日，六月二十七日（庚寅日）；第二个庚日正逢小暑交节，为七月七日（庚子日）；第三个庚日为七月十七日（庚戌日），即伏天的起始日。由于夏至干支日的不确定，导致其距离第一个庚日的天数年年不同，但可以推知，从夏至到数伏，最少不会少于二十一天，最多不会多于二十九天。所以，不管怎样计算，最晚在小暑的后期也必然会进入伏天。

二〇一八年入伏日期表

六月二十一日 夏至 甲申日	七月五日 丁酉日
六月二十二日 乙酉日	七月六日 己亥日
六月二十三日 丙戌日	七月七日 小暑（二庚） 庚子日
六月二十四日 丁亥日	七月八日 辛丑日
六月二十五日 戊子日	七月九日 壬寅日
六月二十六日 己丑日	七月十日 癸卯日
六月二十七日 庚寅日	七月十一日 甲辰日
六月二十八日 辛卯日	七月十二日 乙巳日
六月二十九日 壬辰日	七月十三日 丙午日
六月三十日 癸巳日	七月十四日 丁未日
七月一日 甲午日	七月十五日 戊申日
七月二日 乙未日	七月十六日 己酉日
七月三日 丙申日	七月十七日 入伏（三庚） 庚戌日
七月四日 丁酉日	七月十八日 辛亥日

小暑

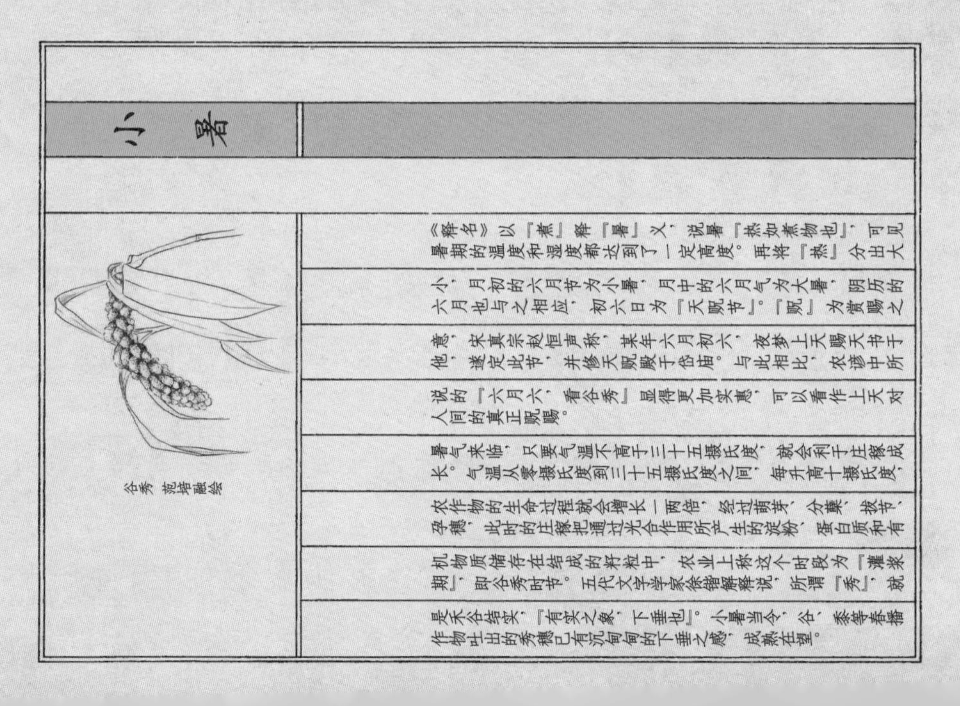

谷秀　范培融绘

《释名》以『煮』释『暑』义，说暑『热如煮物也』，可见暑期的温度和湿度都达到了一定高度。再将『热』分出大小，月初的六月节为小暑，月中的六月气为大暑。阴历的六月也与之相应，初六日为『天贶节』。『贶』为赏赐之意，宋真宗赵恒声称，某年六月初六，夜梦上天赐天书于他，遂定此节，并修天贶殿于岱庙。与此相比，农谚中所说的『六月六，看谷秀』显得更加实惠，可以看作上天对人间的真正贶赐。

暑气来临，只要气温不高于三十五摄氏度，就会利于庄稼成长。气温从零摄氏度到三十五摄氏度之间，每升高十摄氏度，农作物的生命过程就会增长一两倍，经过萌芽、分蘖、拔节、孕穗，此时的庄稼把通过光合作用所产生的淀粉、蛋白质和有机物质储存在结成的籽粒中，农业上称这个时段为『灌浆期』，即谷秀时节。五代文字学家徐锴解释说，所谓『秀』，就是禾谷结实，『有实之象，下垂也』。小暑当令，谷、黍等春播作物吐出的秀穗已有沉甸甸的下垂之感，成熟在望。

小暑一候　瑪哩繡毬

花有二種。青者如勻白青。紅者如沃淡胭脂水。漳州府志載瑪哩花。花曆百詠載天麻裏。並以漢字填日本誤名也。瑪哩天麻裏皆繡毬之謂。而與皇漢同稱繡毬花別。

小暑一候，温风至。

八仙花

又名绣球。虎耳草科，八仙花属。落叶灌木，高一到四米。伞房花序大如华盖，初开白色，渐变为粉红或浅蓝色，花期六月到八月。原产中国和日本，因八仙的传说得名，故有『八仙过海，各显神通』之寓意。耐荫，园林中配植于庭荫下、林荫道旁。可做时尚的切花。

功效　根、叶、花入药，可治疟疾、心热惊悸、烦躁等症。

高枝带雨压雕栏，一蒂千花白玉团。怪杀芳心春历乱，卷帘谁向月中看。

明　谢榛《绣球花》

宋　钱时《瓶插月桂浆衮绣球甚丽》　月桂闹装红欲滴，绣球圆簇白如霜。我无艳眼相酬答，付与庭花自在黄。

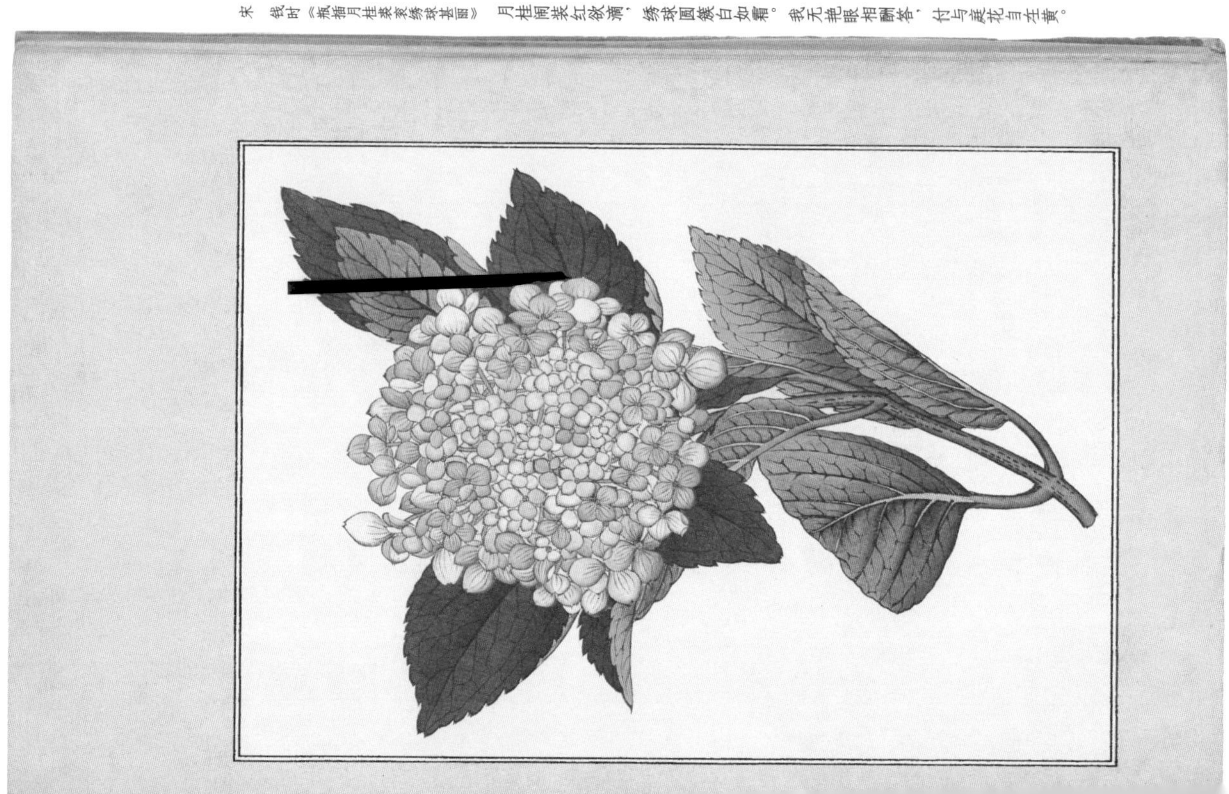

小暑二候　芙蕖拱壁

君子比德于玉。芙蕖之白。白于白雪。其紅紅于紅玉。白質而紅邊者。名爲錦邊蓮。近江國野洲郡田中村。某氏池有蓮。不蔓不枝。一莖數十花。花瓣疊重相壓。不能盡舒。名爲千葉蓮。亦奇種也。

小暑二候，蟋蟀居壁。亦名促织，此时羽翼未成，故居壁。

荷花　又名莲花。睡莲科，莲属。多年生水生植物，根状茎肥厚。花硕大、芳香，花色丰富，六月到九月开放。原产中国，栽培数千年，是我国传统十大名花之一，其『出淤泥而不染，濯清涟而不妖』的品质备受赞颂，为世界著名的水生花卉。

功效　全身皆宝，药、食两用。藕和莲子既是高级滋补营养品，又有止血、散瘀和养心、益肾等药效。

小暑不足畏，深居如退藏。青奴被荐枕，黄奶亦升堂。
鸟语竹阴密，雨声荷叶香。晚凉无一事，步屧到西厢。

金　庞铸《喜夏》

宋　杨万里《晓出净慈寺送林子方》　毕竟西湖六月中，风光不与四时同。接天莲叶无穷碧，映日荷花别样红。

小暑三候 凌霄錦曳

葉如漆而多皺。弱蔓因舊莖。蜿蜒直欲凌紫霄。花似牽牛。外黄而内朱。高懸似曳錦。黄檗隱元所用草笠。疊此葉織成。得無寓出塵之意耶。

小暑三候，鹰始挚。挚，音至。鹰感阴气，乃生杀心，学习击搏之事。

凌霄 紫葳科，凌霄属。落叶攀援藤本，茎蔓长二十米。圆锥花序，花冠漏斗状钟形，内红色、外橙黄色，花期六月到九月。原产中国，栽培已久。其花大色艳，花期长，枝干虬曲多姿，攀援直上可达百尺，似要凌空直冲云霄，是理想的垂直绿化植物。

功效 花、茎、根入药，含芹菜素等化学成分，有祛瘀、凉血、解毒消肿等功效。

眈眈丑石罴当道，矫矫长松龙上天。满地凌霄花不扫，我来六月听鸣蝉。

宋 陆游《夏日杂题》

宋 董嗣杲《凌霄花》

根苗着土干柔纤，依附青松度岁年。彤蕊有时承雨露，苍藤无赖拂云烟。

艳歆偷醉斜阳里，体弱愁缠立石颠。翠飐红英高百尺，藏春坞上忆坡仙。

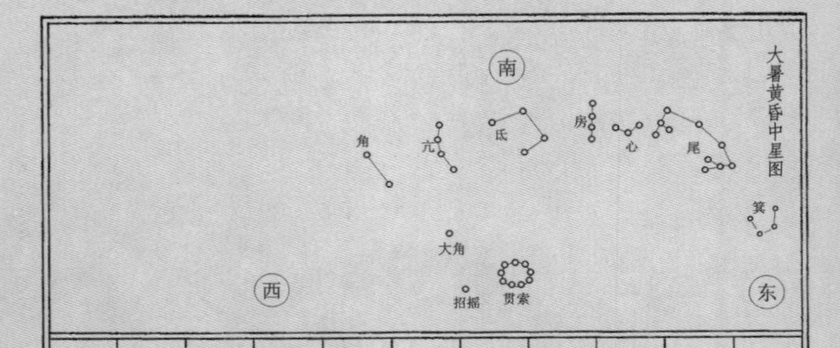

七日『立秋』的前一天，八月十六日才是『立秋』之后的第一个庚日。这样一来，从七月十七日初伏首日，到八月二十五日末伏末日，共计四十天，其中中伏就占了二十天。

伏天气温虽高，但此时人体阳气最为充沛，经络气血旺盛，是冬病夏治的最好时机。《素问·六节脏象论》讲『长夏胜冬』，我国传统医学以冬为阴，夏为阳，抓住伏日阳盛的天时，以阳克阴，对人体的阴阳进行调节，使之达到平衡。如支气管哮喘、慢性鼻炎等一些在冬季极易发生或加重的顽疾宿病，值此暑中肌肤腠理开泄之际，给予针对性的治疗，会收获意想不到的疗效。清代医家张璐《张氏医通》记载：『冷哮灸肺俞、膏肓、天突有应有不应。夏月三伏中，用白芥子涂法，往往获效。』中医利用节气施治，是其『天人合一』医学理念的具体运用。

《尚书·尧典》记述古人在黄昏时观测南天正中的星象来确定季节。『昏』由『氐』与『日』会意而成，『氐』的甲骨文字形突出人手臂下垂的形态，引申为垂落之义，因此『昏』即日落。人们将这时南方中天上的星象称为『昏中』。《天文节候躔次全图》的配文中说：『六月中是大暑，朦胧贯索刚对氐。』大暑为六月中气，夜空中最为亮丽的星象便是苍龙七宿。春季黄昏于东方地平线上初露头角的巨龙，此时早已腾空而起。黄昏之际，作为巨龙颈根的氐宿位居中天，和围作一团的贯索九星刚好相对，与《易·乾卦》所描述的『飞龙在天』逐步吻合，也正是盛夏处于巅峰的象征。

大暑

『伏』，由一人一犬组成，犬是人类最忠实的朋友，也是最早被驯化的家畜。『伏』字之形，正像犬伺人之形，犬蜷卧于人的身边听候使唤，有趴伏之意。在最原始的狩猎活动中，人与犬就已结成了合作伙伴。猎人带着猎犬去捕猎，埋伏在一个隐蔽的地方，伺机而动，出击猎物。故『伏』又有隐匿潜藏之义。一年当中最热的时候，骄阳似火，动辄出汗，人们不敢外出，潜藏在家里躲避酷暑。因此，把一年当中的这段时间就叫作『伏』。

俗话说：『冷在三九，热在中伏。』这两个时间段是一年当中寒暑的极致，时隔半个太阳年。夏至后第四个庚日为中伏的开始，中伏往往与大暑节气重合，堪称热中之热。三伏之中，初伏和末伏均为十天，而中伏在有的年头为十天，有的则为二十天。在数伏的过程中，『庚日』起到了较为重要的记号作用。『立秋』后的第一个庚日被定为末伏首日，造成了中伏天数的不固定。在夏至日和立秋日中间，相隔大约四十五天中若出现四个庚日，则中伏就是十天，若有五个庚日，中伏即为二十天。之所以会出现这种情况，是因为我国历法规定末伏必须始于『立秋』之后，故此有『秋后有一伏』之说。以公元二〇一八年为例，七月十七日是夏至后第三个庚日，第四庚为七月二十七日，第五庚为八月六日，是八月

甲骨文『伏』

甲骨文『昏』

大暑一候　茉莉雪香

緑葉白花。其潔比雪。其香勝麝。生香數十種。莫出于茉莉之右者。

大暑一候，腐草为萤。离明之极，故幽类化为明类。

茉莉花　木犀科，素馨属（茉莉花属）。常绿灌木，高一到三米。聚伞花序，着花三朵，花白色，浓香，花期五月到十一月。原产印度，我国南方早有栽培，是最常见的庭园和盆栽观赏的芳香植物。

功效　经济价值极高。花、叶药用，有治疗目赤肿痛、止咳化痰之功效。其花可熏茶，提炼的精油是香料工业的重要原料。

灵种传闻出越裳，何人提挈上蛮航。他年我若修花史，列作人间第一香。

宋　江奎《茉莉花》

玉骨冰肌耐暑天，移根远自过江船。山塘日日花成市，园客家家雪满田。
新浴最宜纤手摘，半天偏得美人怜。银床梦醒香何处？只在钗横髻鬌边。

清　陈学洙《茉莉》

大暑二候　金鳳羣飛

桃葉四披。數十花駢羅其下。如朱鳥羣飛然。西人呼花紅者爲金。因名爲金鳳花。及莢成。手纔觸之。及卷子迸。不可得收。因名爲急性子。

大暑二候，土润溽暑。溽，音辱，湿也。

凤仙花

凤仙花科，凤仙花属。一年生草本植物，高二十到八十厘米。花单生或两到三朵簇生，花有粉红、大红等色，花期七月到十月。蒴果易弹裂散失种子，故称『急性子』。原产南亚，是我国栽培已久的传统草花，常栽植于庭院观赏。

功效　全株入药，有活血通经、软坚消积等功效。花汁液为传统染料，民间常用其染指甲，故又名指甲花。

细看金凤小花丛，费尽司花染作工。雪色白边袍色紫，更饶深浅四般红。

宋　杨万里《凤仙花》

洞箫一曲是谁家？河汉西流月半斜。要染纤纤红指甲，金盆夜捣凤仙花。

明　瞿佑《渭塘奇遇记》

大暑三候　素馨香輕颺

莖葉花並類迎春。而輕盈過之。色白而氣香。所以得素馨之名。或云。素馨南漢劉鋹之姬。此草生其墳上。因此得名。近于誣矣。

大暑三候，大雨行时。

素馨 又名大花茉莉。木犀科，素馨属。常绿灌木，枝条纤细下垂，有棱，形似迎春。聚伞花序，花冠高脚碟形，仅白、黄二色，芳香，故称素馨，花期从春至秋。原产南亚、中国西南部，喜温、稍耐荫。其枝叶袅娜，花香四溢，宜植于庭院观赏或做垂直绿化。

功效 同茉莉花一样为香料工业的重要原料。我国台湾则多用此花熏茶。

妙香真色得之天，羞御铅华学女妍。只向温柔乡里活，怕寒不许上林传。

宋　郑域《素馨花》

明 张红桥《子羽夜至红桥所居三首之一》 素馨花发暗香飘，一朵斜簪近翠翘。宝马未归新月上，绿杨影里倚红桥。

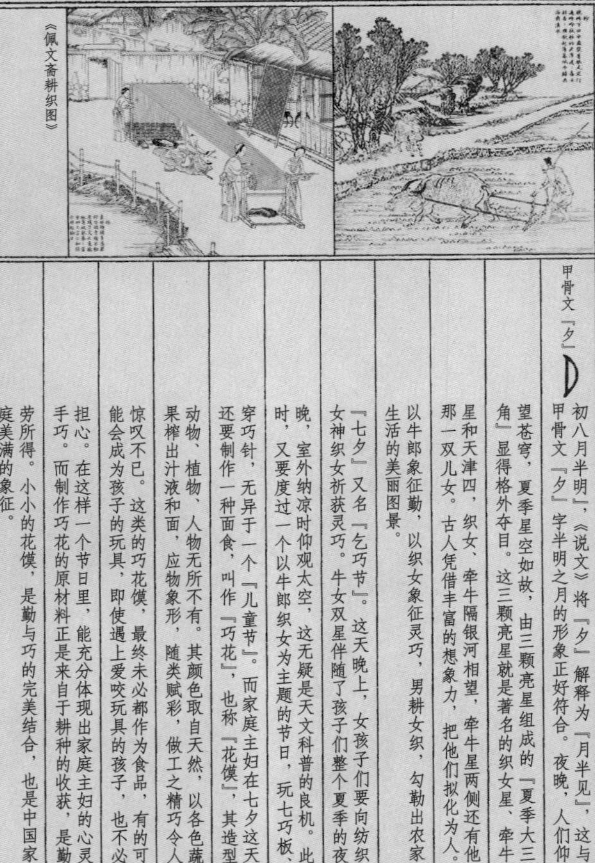

《佩文斋耕织图》

甲骨文『夕』

初八月半明』，《说文》将『夕』解释为『月半见』，这与甲骨文『夕』字半明之月的形象正好符合。夜晚，人们仰望苍穹，夏季星空如故，由三颗亮星组成的『夏季大三角』显得格外夺目。这三颗亮星就是著名的织女星、牵牛星和天津四，织女、牵牛隔银河相望，牵牛星两侧还有他那一双儿女。古人凭借丰富的想象力，把他们拟化为人。以牛郎象征勤，以织女象征灵巧，男耕女织，勾勒出农家生活的美丽图景。

『七夕』又名『乞巧节』。这天晚上，女孩子们要向纺织女神织女祈获灵巧。牛女双星伴随了孩子们整个夏季的夜晚，室外纳凉时仰观太空，这无疑是天文科普的良机。此时，又要度过一个以牛郎织女为主题的节日，玩七巧板、穿巧针，无异于一个『儿童节』。而家庭主妇在七夕这天还要制作一种面食，叫作『巧花』，也称『花馍』，其造型动物、植物、人物无所不有。其颜色取自天然，以各色蔬果榨出汁液和面，应物象形，随类赋彩，做工之精巧令人惊叹不已。这类的巧花馍，最终未必都作为食品，有的可能会成为孩子的玩具，即使遇上爱咬玩具的孩子，也不必担心。在这样一个节日里，能充分体现出家庭主妇的心灵手巧。而制作巧花的原材料正是来自于耕种的收获，是勤劳所得。小小的花馍，是勤与巧的完美结合，也是中国家庭美满的象征。

立秋

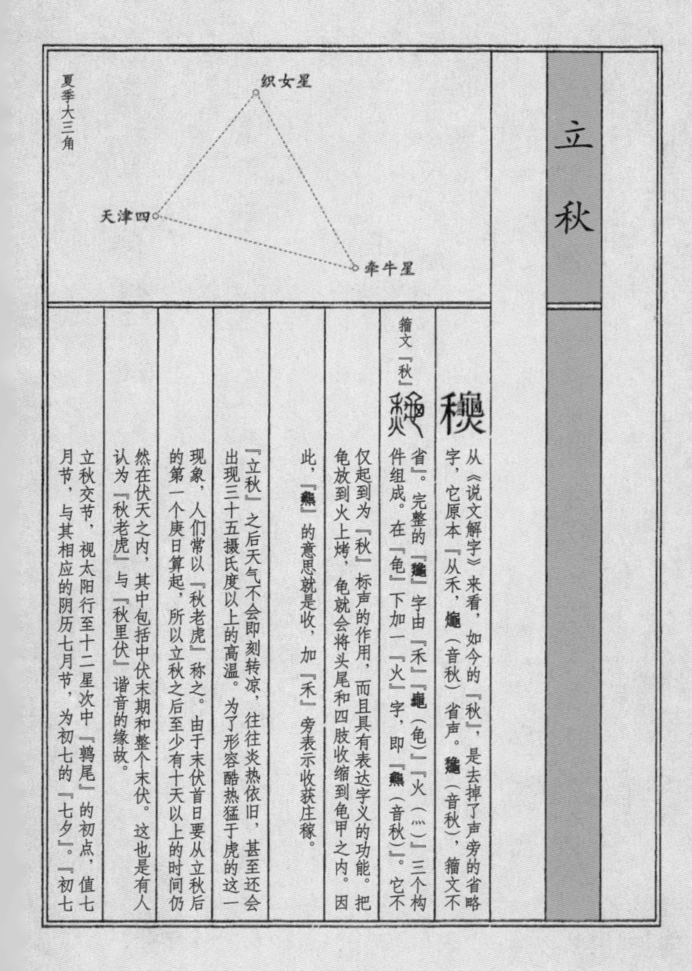

籀文『秋』

从《说文解字》来看，如今的『秋』，是去掉了声旁的省略字，它原本『从禾，𪚰（音秋）省声。𪚰（音秋），籀文不省』。完整的『龝』字由『禾』『龜（龟）』『火（灬）』三个构件组成。在『龟』下加一『火』字，即『𪚰（音秋）』。它不仅起到为『秋』标声的作用，而且具有表达字义的功能。把龟放到火上烤，龟就会将头尾和四肢收缩到龟甲之内。因此，『𪚰』的意思就是收，加『禾』旁表示收获庄稼。

『立秋』之后天气不会即刻转凉，往往炎热依旧，甚至还会出现三十五摄氏度以上的高温。为了形容酷热猛于虎的这一现象，人们常以『秋老虎』称之。由于末伏首日要从立秋后的第一个庚日算起，所以立秋之后至少有十天以上的时间仍然在伏天之内，其中包括中伏末期和整个末伏。这也是有人认为『秋老虎』与『秋里伏』谐音的缘故。

立秋交节，视太阳行至十二星次中『鹑尾』的初点，值七月节，与其相应的阴历七月节，为初七的『七夕』。『初七

立秋一候　桔梗多趣

高二三尺。緑葉繞莖而生。花紫碧色。秋花之最多趣者。根能治病。花能怡目。勲高自龍膽數等。

立秋一候，凉风至。

桔梗　桔梗科，桔梗属。多年生草本植物，高三十到一百厘米，根膨大多肉，花冠钟形，蓝紫色，花期六月到九月。原产中国、日本、朝鲜。耐寒，可配植于花坛、花境或岩石园，或做切花。

功效　药、食两用。根含桔梗皂甙等成分，是传统中药，有止咳祛痰、宣肺等功效。亦是朝鲜族人最喜爱的野菜，从朝鲜名曲《桔梗谣》可见一斑。

病与衰期每强扶，鸡壅桔梗亦时须。空花根蒂难寻摘，梦境烟尘费扫除。
耆域药囊真妄有，轩辕经匮或元无。北窗枕上春风暖，漫读毗耶数卷书。

宋　王安石《北窗》

猪苓桔梗最为奇，药笼书囊用有诗。莫把眼前穷达论，要知良相即良医。

宋　谢枋得《赠儒医陈西岩》

立秋二候　君子有章

使君子。木本而藤生。依物而立。疑無貞固之性。葉似栘對生。色淡而質薄。花大如錢。初開淡黃。次潔白。次粉紅。次大紅。次黯紫。十餘蕚錯雜于枝頭。花之極有文章者。始知古人命名之不苟矣。結實如榧子而五稜。可用治小兒之痟。

立秋二候，白露降。

使君子　使君子科，使君子属。落叶攀援性灌木，高两米到八米，穗状花序，花瓣五枚，花色由淡黄、白转至大红、暗紫，夏季开放。原产南亚，半耐荫，不耐寒。常栽植于庭院观赏，为良好的垂直绿化花木。

功效　种子药用价值极高，是最有效的驱蛔中药，对小儿寄生蛔虫症疗效尤著。传说三国时因其治愈了刘备（刘使君）之子的顽疾而得名。

秋风吹雨过南楼，一夜新凉是立秋。宝鸭香消沉火冷，侍儿闲自理空侯。

明　夏云英《立秋》

宋　刘翰《立秋》

乳鸦啼散玉屏空，一枕新凉一扇风。睡起秋色无见处，满阶梧桐月明中。

立秋三候 瞿麦錦緋

葉類篙蓄而尖長。花邊如亂絲者為瞿麥。花邊如剪成者為石竹。重葉大花者為洛陽花。花極多種。雜植園圃中。淺絳深緋。一望如錦。

立秋三候，寒蝉鸣。蝉小而青赤色者。

瞿麦 石竹科，石竹属。多年生草本，高五十到六十厘米，顶生圆锥花序，花瓣四到六枚，花呈粉、紫、白色，先端深裂成丝状，花期六月到九月。在我国分布甚广，其鲜艳的花色、飘逸的花姿适宜群植，常用于布置花坛、花境或岩石园。

功效 全草入药，味苦，性寒，有清热、利尿、破血通经等功效。

伏中苦热焦皮骨，秋后清风渥肺肝。天地不仁谁念尔，身心无著偶能安。
诗书久为消磨日，毛褐还须准拟寒。谩许百年知到否，相从一日且盘桓。

宋 苏辙《立秋后》

宋　林光朝《道桐庐有诗示成季》

此是滩头处士家，我从何日离天涯。木棉高长云成絮，瞿麦平铺雪作花。

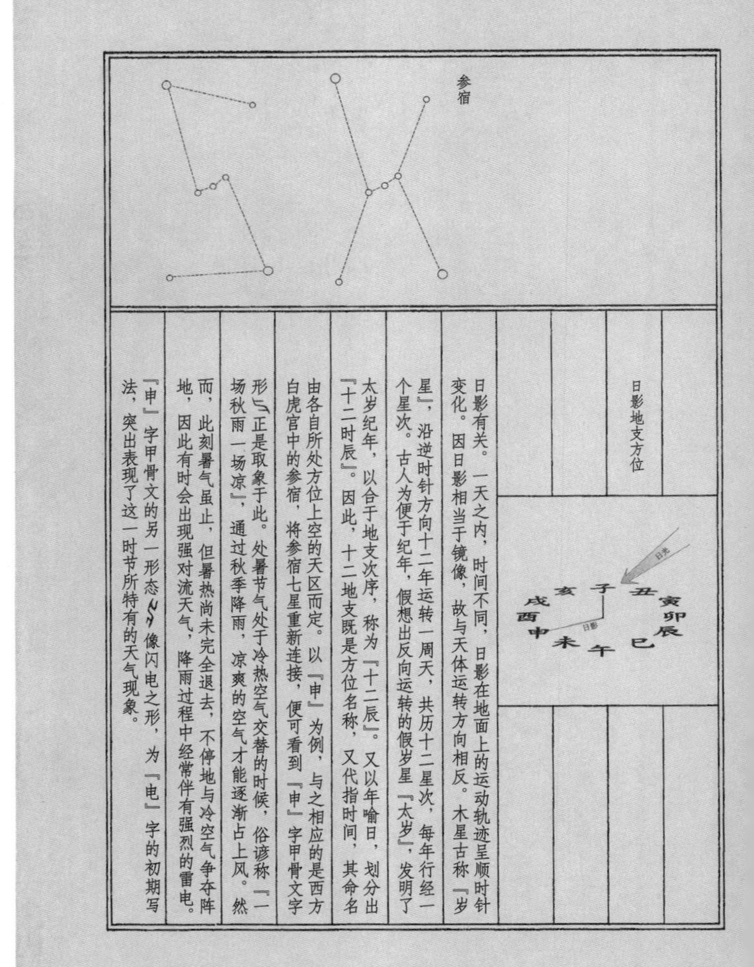

日影有关。一天之内，时间不同，日影在地面上的运动轨迹呈顺时针变化。因日影相当于镜像，故与天体运转方向相反。木星古称『岁星』，沿逆时针方向十二年运转一周天，共历十二星次，每年行经一个星次。古人为便于纪年，假想出反向运转的假岁星『太岁』，发明了太岁纪年，以合于地支次序，称为『十二辰』。又以年喻日，划分出『十二时辰』。因此，十二地支既是方位名称，又代指时间，其命名由各自所处方位上空的天区而定。以『申』为例，与之相应的是西方白虎宫中的参宿，将参宿七星重新连接，便可看到『申』字甲骨文字形正是取象于此。处暑节气处于冷热空气交替的时候，俗谚称『一场秋雨一场凉』，通过秋季降雨，凉爽的空气才能逐渐占上风。然而，此刻暑气虽止，但暑热尚未完全退去，不停地与冷空气争夺阵地，因此有时会出现强对流天气，降雨过程中经常伴有强烈的雷电。『申』字甲骨文的另一形态像闪电之形，为『电』字的初期写法，突出表现了这一时节所特有的天气现象。

处暑

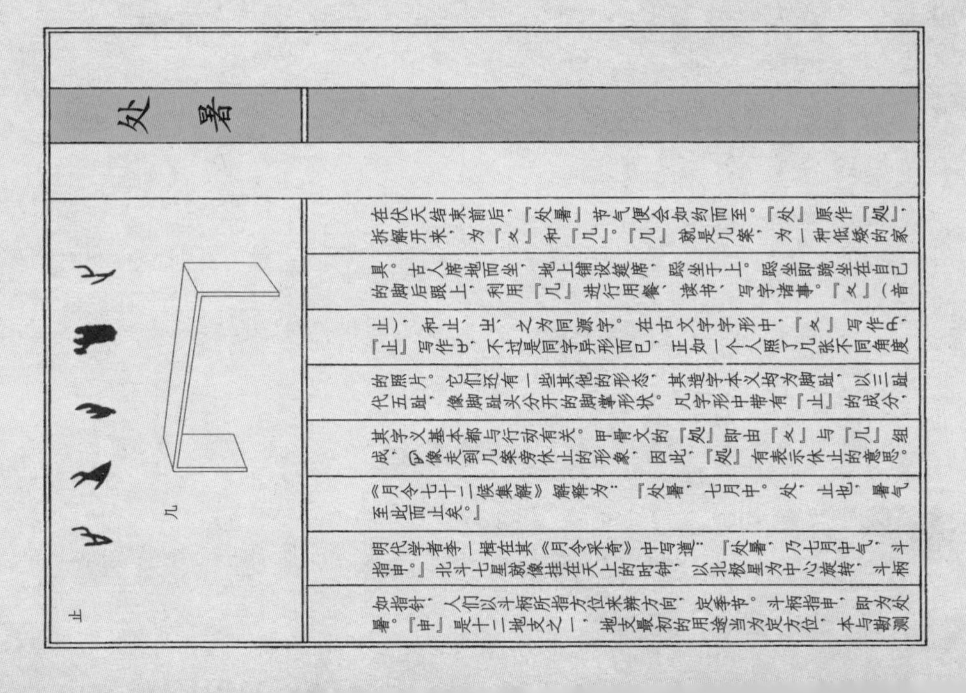

在伏天结束前后，『处暑』节气便会如约而至。『处』原作『処』，拆解开来，为『夂』和『几』。『几』就是几案，为一种低矮的家具。古人席地而坐，地上铺设筵席，跽坐于上。跽坐即跪坐在自己的脚后跟上，利用『几』进行用餐、读书、写字诸事。『夂』（音止）、和止、㞢、之为同源字。在古文字字形中，『夂』写作𡕒，『止』写作ㄓ，不过是同字异形而已，正如一个人照了几张不同角度的照片。它们还有一些其他的形态，其造字本义均为脚趾，以三趾代五趾，像脚趾头分开的脚掌形状。凡字形中带有『止』的成分，其字义基本都与行动有关。甲骨文的『処』即由『夂』与『几』组成，像走到几案旁休止的形象，因此，『処』有表示休止的意思。

《月令七十二候集解》解释为：『处暑，七月中。处，止也，暑气至此而止矣。』

明代学者李一楫在其《月令采奇》中写道：『处暑，乃七月中气，斗指申。』北斗七星就像挂在天上的时钟，以北极星为中心旋转，斗柄如指针，人们以斗柄所指方位来辨方向，定季节。斗柄指申，即为处暑。『申』是十二地支之一，地支最初的用途当为定方位，本与勘测

處暑一候　草棉鵞黄

棉有二種。木棉產嶺南酷熱之地。綿之用狹矣。一謂之斑枝花。草棉亦呼爲木棉。傳播于吾邦僅三百年。其用尤洪。勲次五穀。葉皆五尖。花類秋葵而小。淡黄色。

处暑一候，鹰乃祭鸟。鹰，杀鸟。不敢先尝，示报本也。

草棉 又名非洲棉或小棉，锦葵科，棉属。一年生草本，高达一米五，叶大、掌状五裂，花单生于叶腋，呈淡黄色，花期七月到九月，蒴果（棉铃）如桃，开裂后吐出白絮，犹如白花遍野，故称棉花。原产阿拉伯和小亚细亚，在我国已栽培三百多年。

功效 世界上最主要的经济作物之一，棉纤维是纺织工业的重要原料。

宋　仇远《处暑后风雨》

疾风驱急雨，残暑扫除空。因识炎凉态，都来顷刻中。
纸窗嫌有隙，纨扇笑无功。儿读秋声赋，令人忆醉翁。

尘世未徂暑，山中今授衣。露蝉声渐咽，秋日景初微。
四海犹多垒，余生久息机。漂流空老大，万事与心违。

宋　张嵲《七月二十四日山中已寒二十九日处暑》

處暑二候　秋葵冷淡

葵雖多種。大抵乏雅趣。獨黃靣者。冷淡多姿。根既供楮先生之用。花麻油收貯。妙治湯潑火傷。有契曇鸞普救之心。

处暑二候，天地始肃。清肃也。

秋葵 又名黄秋葵，锦葵科，秋葵属。一年生草本，高一到两米，花大，淡黄色，花期七月到十月，蒴果筒状尖塔形，长十到二十五厘米。原产印度，我国栽培广泛。花期长，花色冷艳，常点缀于庭院、篱边或路旁。

功效 经济价值极高。幼果营养丰富，是高档绿色蔬菜，有『蔬菜王』之称。全草入药，有清热解毒、润燥滑肠等功效，茎皮纤维可代麻，种子含油，药、食两用。

月瓣团栾剪赭罗，长条排蕊缀鸣珂。倾阳一点丹心在，承得中天雨露多。

唐　唐彦谦《秋葵》

诸葛仍祠庙，公孙只故基。栋梁酣夕照，雉堞蔓秋葵。
耿耿登临意，悠悠今古思。烹鲜不劳力，余事杜陵诗。

宋　喻良能《送侍御帅夔府》

處暑三候　建蘭𡨴寞

古之蘭香在葉。今之蘭香在花。産于幽谷寂寞之濱。不以無人不芳。故又謂之幽蘭。世之羸於財而愛花者。飭以紫檀床交趾窯。争誇于人。奔於利之徒。獲其失故步者為奇貨。戾于夫子作幽蘭操待善價之意。

处暑三候，禾乃登。稷为五谷之长，首熟此时。

建兰 又称四季兰，兰科，兰属。多年生草本，叶基生，长三十到六十厘米，总状花序，着花三到九朵，花为浅黄绿色带紫斑，幽香，从夏至秋开花不断，原产中国南部，栽培有数千年历史，其『兰在幽林亦自芳』的高雅气质深受国人喜爱。以盆栽观赏为主，是室内陈设佳品，亦多作为高档礼品馈赠亲朋好友。

功效 全草（兰草）入药，有滋阴润肺、止咳化痰、活血、止痛等功效。

清　朱载震《建兰》

从兰生幽谷，莓莓遍林薄。不纫亦何伤，已胜当门托。
辇至逾关山，滋培珍几阁。掉头忘闽海，倾心向京洛。
轻思昼回芳，清泉晚宜瀹。玉轸一再弹，天际如可作。

清　汪士慎《兰》

幽谷出幽兰，秋来花畹畹。与我共幽期，空山欲归远。

《天文节候躔次全图·白露中星图》

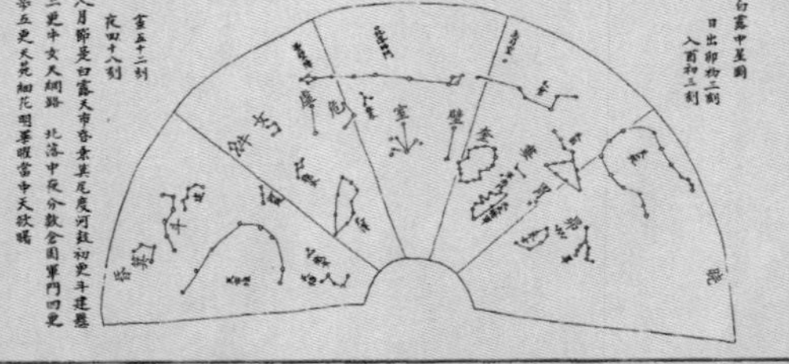

高位置，龙头伏向西南下行，而龙尾末梢的箕宿则成为昏中星，即《易·乾卦》所谓『亢龙有悔』。与此同时，由奎、娄、胃、昴、毕、觜、参组成的一头巨型白虎正准备登上中央舞台。如惊蛰时的『龙抬头』一样，黄昏时东方地平线下的奎娄已经跃跃欲试，迫不及待地要施展出『白虎搅尾』的招式。你方唱罢我登场，南天之上『虎跃』即将接替『龙腾』继续表演。

白露节气已经是典型的秋季气候，天气转凉，昼夜温差逐渐加大。《月令七十二候集解》说：『白露，八月节。秋属金，金色白，阴气渐重，露凝而白也。』空气中所含的水蒸气达到饱和，夜间遇冷就会凝结成液态的水，以附着于植物上的水珠最为明显，这就是『露』。所谓『白露』，即指秋季的露水。就像《本草纲目》记载的那样：『露者，阴气之液也，夜气着物而润泽于道旁也。』秋露具有很明显的药用功能，『秋露繁时，以盘收取，煎如饴，令人延年不饥』。用秋露按摩太阳穴可止头痛；用柏叶、菖蒲上的露水洗眼睛，有明目的作用；用韭菜叶上的露水涂抹皮肤，可祛除白癜风。此外，秋露还有治疗皮肤病、肺结核、糖尿病等症以及解酒、美容等功效。因此，引得『汉武帝作金盘承露，和玉屑服食。杨贵妃每晨吸花上露，以止渴解醒』。《本草纲目》特别指出『百草头上秋露』应在『未晞时收取』。『晞』就是干燥，具有诸多功用的秋露应该得到珍惜。这不禁令人联想到汉乐府中的《长歌行》，开头写『青青园中葵，朝露待日晞』。宝贵的朝露若不加以珍惜，一旦蒸发掉，就无法利用了。其结果就是与之呼应的末尾，『少壮不努力，老大徒伤悲』。时光流逝，令人慨叹，转眼已入深秋。

白露

大约处暑之后十五天，斗柄指向『庚』位，标志着白露节气的到来。庚，表示西方，其字形也是取象于西方白虎七宿当中的参宿。参宿下部有三颗星叫作『伐星』，参宿和伐星连在一起，就会呈现出『庚』字的甲骨文字形。

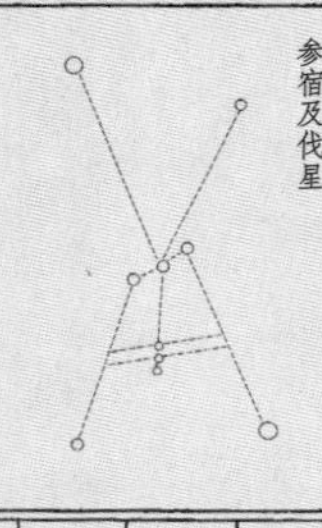
参宿及伐星

甲骨文　金文　小篆　庚 隶书

距离地球最近的一颗行星，亮度极高，比著名的天狼星要亮十四倍。黄昏时分，它以『昏星』的身份出现在西方的余晖中。黎明前后，它又以『晨星』的身份出现在东方地平线上。它有两个名字，『启明』和『长庚』。《诗·小雅·大东》上说：『东有启明，西有长庚。』这其实是同一颗星，即金星。它不但有名，而且还有姓，姓李，李长庚就是金星的姓名，人们习惯称其为『太白金星』，也就是那位鹤发童颜的老神仙。金星为白帝子，专能驱使老虎，唐代志怪传奇小说集《广异记》写西方巴人在山中遇到的就是这位能够召唤神虎的『太白神』，小说《西游记》还据此衍生出『陷虎穴金星解厄』的章节。这一切似乎已经揭示出秋、庚、金、白、西方、白虎官之间的联系。秋后，当黄昏降临的时候，苍龙七宿已不在南方中天的最

白露一候　丹霞朝蒸

胡枝花。自古稱宮城野。在東山則高臺寺。西土不甚賞之。邦人則把與菊花為伍。謂可以專美于九秋。因製萩字配之。葉成品字。花賽豆花。柔枝依風。遠望之如丹霞朝蒸然。

白露一候，鸿雁来。自北而南也。一曰：大曰鸿，小曰雁。

胡枝子 豆科，胡枝子属。落叶直立灌木，高一到三米，总状花序，花冠红紫色，花期七月到九月。原产中国北方和北亚，适应性强，是优良的水土保持和防护林树种。叶成品字，花色秀美，可配植于庭院观赏。

功效 枝叶富含粗蛋白、粗纤维等营养成分，是优质的家畜青储饲料和重要的绿肥。根、花入药，性味平温，有清热理气和止血的功效。

白露团甘子，清晨散马蹄。圃开连石树，船渡入江溪。
凭几看鱼乐，回鞭急鸟栖。渐知秋实美，幽径恐多蹊。

唐　杜甫《白露》

宋　陆游《白露前一日已如深秋有感》

匹马曾防玉塞秋，岂知八十老渔舟。

非无丈二殳堪请，只恐傍人笑白头。

白露二候　金錢夜落

獨莖高二尺左右。葉狹而長。朱花向下。大如開元錢。午開子落。落必朝天。古人云。得花勝得錢。呼爲夜落金錢。貴其無所壞。

白露二候，玄鸟归。燕去也。

夜落金钱　梧桐科，午时花属。一年生草本，高五十到一百厘米，花鲜红色，花心部色浅，形似铜钱，午时开放，次日清晨脱落，故称夜落金钱，又名午时花，花期七月到十月。原产印度，我国多有栽培。

功效　碧叶红花，花期长，是极佳的花境材料，也可盆栽。独特的开花习性，大有『天女月夜抛金钱』的意境，象征红运当头，财源广进。

春阳如昨日，碧树鸣黄鹂。芜然蕙草暮，飒尔凉风吹。天秋木叶下，月冷莎鸡悲。坐愁群芳歇，白露凋华滋。

唐　李白《秋思》

白露暧秋色，月明清漏中。痕沾珠箔重，点落玉盘空。
竹动时惊鸟，莎寒暗滴虫。满园生永夜，渐欲与霜同。

唐　雍陶《秋露》

白露三候　敗醬滿原

葉似澤蘭。上綴碎黄花。秋季滿原。與粟米相似。疑覆車之遺粒。恐野雀之報洽長。

白露三候，群鸟养羞。羞，粮食也。养羞以备冬月。

败酱　败酱科，败酱属。多年生草本，高两米，大型伞房花序由多个小花序组成，花小，黄色，七月到九月开放。中国和北亚均有分布，较耐寒，耐荫，不耐旱。成片野生，入秋时繁密的小花盛开枝头，形成黄花满原的自然景观，美不胜收。

功效　全草（药名败酱草）和根入药，有消肿排脓，活血祛瘀等功效，对慢性阑尾炎的疗效尤著。

唐　韦应物《闲居寄诸弟》

秋草生庭白露时，故园诸弟益相思。尽日高斋无一事，芭蕉叶上独题诗。

明朝交白露，此夜起金风。灯下倚孤枕，篱根语百虫。
梧桐何处落，杼轴几家空。客意惊秋半，炎凉信转蓬。

宋 仇远《秋感》

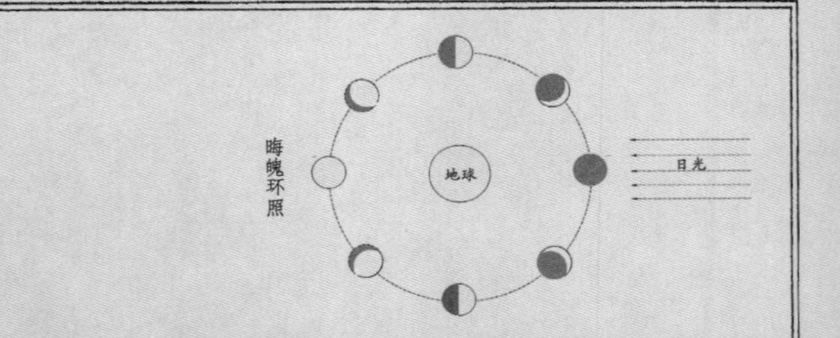

晦魄环照

往复，周而复始。《千字文》中有『晦魄环照』之语，就是讲月相的变化。月末最后一天为『晦』，这天基本看不到月亮。『魄』是月亮出没而散发出的光，新月到满月这段时间叫作『既生魄』，从月面亏缺到月光消失叫作『既死魄』。所谓『晦魄环照』是说月亮历经朔、望、晦循环的过程。

秋分时节，物产丰富，硕果累累。在民间，中秋之夜需设摆香案，供奉月饼和瓜果祭品，由家中主妇担任主祭，男子只负责辅助性的工作，并不拜月。这是因为女性系坤道所化，属阴性之物，与月亮之间存在着奇妙的关系。在神话故事中，『嫦娥奔月』与『后羿射日』的传说相呼应，日、月分别代表了阳与阴。嫦娥还被奉为『太阴星君』，主宰坤道。如果没有月亮，江海潮汐，女性月信将完全紊乱，阴阳不调，坤灵难定。沈括在《梦溪笔谈》中说月相影响潮汐和胎育，即指于此。阴阳周流，化育含生，即所谓『阴阳生万物』。

秋分时节，南斗六星成为南天的黄昏中星。西南方的空中，靓丽的苍龙宿头下尾上，一路下行，呈现出《说文解字》中描述的『秋分潜渊』之状，甚至已将龙角隐没于西方地平线以下。接下来，随着地球的自转，人们会在晴朗的秋夜里看到苍龙潜渊的全过程。而日出前，龙角星又会升起在东方地平线上。如果于天将破晓之前，远眺东海水面，就会一睹『青龙出水』的风采。难怪当年曹操在『秋风萧瑟』之际东观沧海时会展开『星汉灿烂，若出其里』的想象。《国语》称这一现象为『辰角见』和『天根见』。辰角即角宿，象征龙角；天根即氐宿，象征龙的颈根。『辰角见而雨毕，天根见而水涸』，这与秋分节气的物候特征『雷始收声』『水始涸』正相符合。

秋分

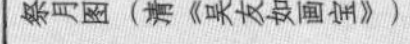

祭月图（清《吴友如画宝》）

『秋分』是下半年之中寒暑平分，昼夜等长的节气。此后，夜渐长而昼渐短，阴气日盛，阳气逐步让位于阴气。古代天子要在此日率领官员至月坛，举行祭月仪式，故『秋分』曾被当作『祭月节』。但是节气属于阳历系统，体现的只是地球绕太阳公转的位置，与月相并无关系，『秋分』虽是八月中气，却未必在交节当天得遇满月，也就无法迎合圆满的美好寓意。于是，『祭月节』由『秋分』被调至阴历八月的月圆之日，最终形成了中秋祭月的习俗。

在古代，月亮是一个与太阳相提并论的天体。大凡遇到光照千古的事物，往往会用『与山川共存，与日月同辉』来形容。在人们的视野中，月亮和太阳的体量都超出其他星辰，最容易观测。所以，人们将日月并举，根据它们的变化来编制历法。古人称月亮为『太阴星』，通过观测『太阴星』所编制出的历法就是阴历。阴历的月，称为朔望月。每月的初一叫作『朔』，夜空中至多只能看到一弯小月牙。月圆的那天叫作『望』，月相为正圆满月。大月的望日是十六，小月为十五。从朔到望，是朔望月的前半月；从望到朔，是朔望月的后半月。一个完整的朔望月，为期二十九天半，循环

秋分一候　野蓼蔽澤

蓼之用在辣。其不辣者。謂之馬蓼。馬者鄙之之稱。則為冗草。然方秋水初退。紅雲蔽澤。與白蘋相依。漁父遷客扁舟來往。可優游以卒歲。張翰發歎音。不獨為鱸魚膾也。

秋分一候，雷始收声。雷于二月阳中发声，八月阴中收声。

水蓼

蓼科，蓼属。一年生水生草本植物，高二十到八十厘米，穗状花序细弱下垂，花多淡红色，花期七月到八月。我国多有分布，自然野生于湿地、水边或水中。入秋花盛开时好似红云遮蔽泽塘，与白花芦苇相依，构成美丽的自然景观。

功效　全草入药，含有水蓼二醛等数十种化学成分，具有行滞化湿、散瘀止血、祛风止痒、解毒等功效。

梧桐落，蓼花秋。烟初冷，雨才收，萧条风物正堪愁。人去后，多少恨，在心头。
燕鸿远，羌笛怨，渺渺澄波一片。山如黛，月如钩。笙歌散，梦魂断，倚高楼。

唐　冯延巳《芳草渡》

蔌蔌复悠悠，年年拂漫流。差池伴黄菊，冷淡过清秋。
晚带鸣虫急，寒藏宿鹭愁。故溪归不得，凭仗系渔舟。

唐　郑谷《蓼花》

秋分二候　石蒜可觀

喜生于墦間荒蕪之地。且以花葉不相見。人惡之。莫有賞者。然其花奇構。實為可觀。一名脫衣換錦。

秋分二候，蛰虫坯户。坯，音培。坯户，培益其穴中之户窍而将蛰也。

石蒜 又名红花石蒜，石蒜科，石蒜属。多年生草本，高三十到六十厘米，地下具鳞茎，伞形花序，花鲜红色，花瓣皱缩、反卷，花姿独特，八月到九月先叶开放。原产中国，喜温湿、耐荫，常群植于庭荫处或作林下地被，冬观其叶，夏、秋赏其花，也是东亚常见的园林花卉。

功效 鳞茎药用，含石蒜碱等十多种生物碱，有解毒、利尿、催吐、杀虫等功效。

唐　贾岛《夜喜贺兰三见访》

漏钟仍夜浅，时节欲秋分。泉聒栖松鹤，风除翳月云。
踏苔行引兴，枕石卧论文。即此寻常静，来多只是君。

故园应露白，凉夜又秋分。月皎空山静，天清一雁闻。
感时愁独在，排闷酒初醺。豆子南山熟，何年得自耘。

明　孙作《客中秋夜》

秋分三候　巖桂堪嚼

桂一名而二種。産嶺之南者。葉有三縱道。樹皮辛辣。爲醫家要藥。叢生山之陲者。葉邊有鋸齒。花有白黄丹三色。香氣馨烈。高士咀嚼。謂可以樂飢。

秋分三候，水始涸。国语曰：辰角见而雨毕，天根见而水涸；雨毕而除道，水涸而成梁。

桂花 又名岩桂等，木犀科，木犀属。常绿灌木至小乔木，高三到五米，聚伞花序着花多朵，花淡黄、黄或桔红色，浓香，花期九月到十月。我国传统十大名花之一，其清可涤尘、浓能致远的花香和气质备受国人赞颂，是崇高、美好、吉祥的象征。园林中常与玉兰、海棠、牡丹同植庭前，取『玉堂富贵』之意，是集绿化、美化、香化于一体的珍贵园林树种。

功效 花、果及根均可入药，有散寒破结、化痰止咳、去痛等功效。花鲜食、酿酒或制茶，提取的芳香油是香料工业的重要原料。

宋　徐似道《岩桂花》

重重帘幕护金猊，小树花开逼麝脐。寒色十分新疹栗，春心一点暗通犀。
香延棋畔仙人斧，影射灯前太乙藜。从此再逢花甲子，伴公长醉日东西。

宋　杨与立《岩桂》

自从月窟得灵根，便擅人间众森尊。万斛天香非世有，十分秋色至今存。

林高直接孤轮影，枝花休寻旧斧痕。午夜楼头足心赏，天低风细欲飞魂。

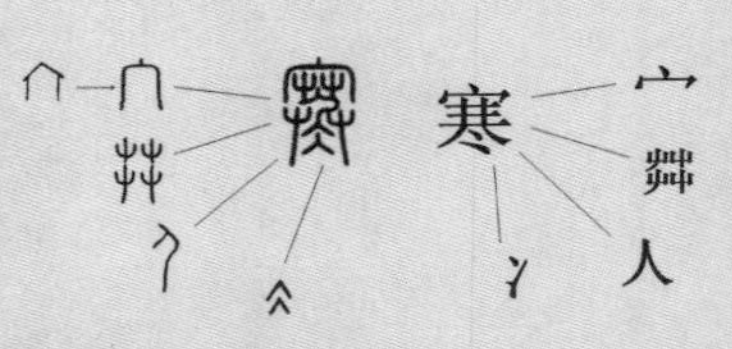

住室。每到秋季，人们修补房屋，堵上漏洞，才算吃了『定心丸』，认为只有这样才可以踏实地度过寒冬，因此也把这四颗星叫作『定星』。农谚中说：『白露早，寒露迟，秋分种麦正当时。』这里说的种麦，是指秋种春收的冬小麦。一旦到了『寒露』，如果再不播种冬小麦就来不及了。此时的农家，该收该种的基本都已完成，即将进入农闲节段。而值此时节，雨季已过，降水量减少，恰是人们修整房屋、准备过冬的好时节。麦子收割后，遗留下大量的秸秆仍然可以被利用。当定星当空的时候，天地所赐的纯天然装修材料，正好夏长秋用，修补房屋最为合适。

『寒露』的『寒』字，其古文字形象由宀、茻、人、仌四个构件组成。宀（音眠），即房屋；茻（音莽），即草莽，草多之义，当然也包括秸秆一类的东西；仌（音冰），即冰，代表寒凉。这个字形一方面喻示寒露节气之后严冬将至；另一方面，似乎情景再现了人们为抵御室外的冷空气，用草修房子的场面。『白露』『寒露』都由自然现象而得名，但二者被『秋分』隔开，便分属于两个不同的阵营，『白露』属阳，『寒露』属阴。时隔一个月，气温明显降低。因此，人们对于保健养生的侧重点也有所变化，民间有『白露身不露，寒露脚不露』的说法，寒露之时，采取足部保温的办法，以免寒从足生而成疾。

寒露为九月之节，三候称『菊有黄花』。元稹《菊花》诗中写『此花开尽更无花』，暮秋时节，万木萧瑟，唯独菊花笑傲金风，迎霜绽放，为人间带来活力与暖意。因此，人们往往以『菊月』作为九月的代称。

寒露

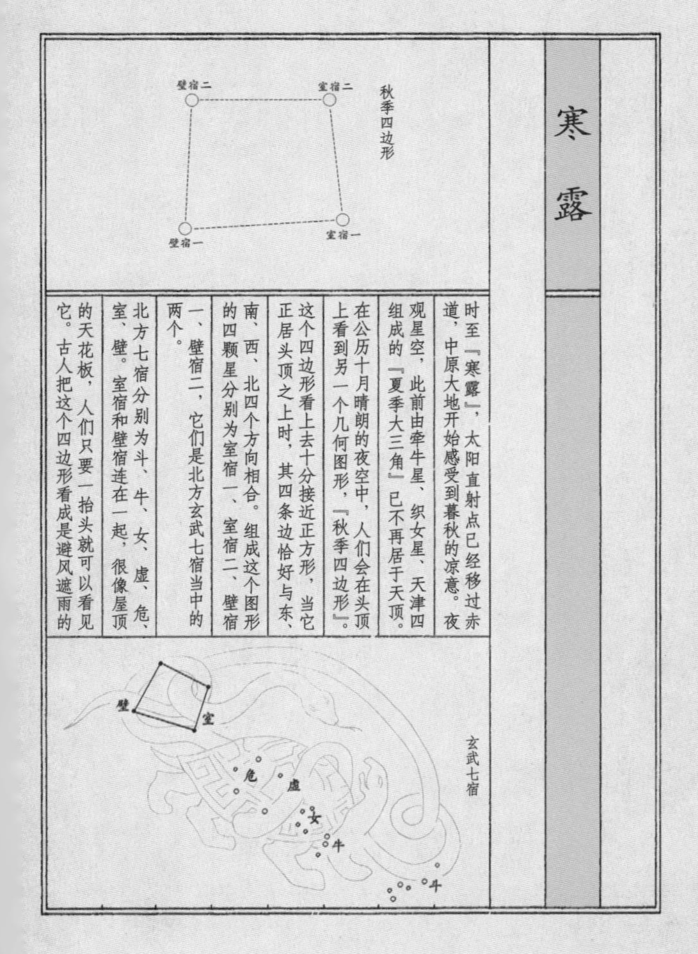

时至『寒露』，太阳直射点已经移过赤道，中原大地开始感受到暮秋的凉意。夜观星空，此前由牵牛星、织女星、天津四组成的『夏季大三角』已不再居于天顶。在公历十月晴朗的夜空中，人们会在头顶上看到另一个几何图形，『秋季四边形』。这个四边形看上去十分接近正方形，当它正居头顶之上时，其四条边恰好与东、南、西、北四个方向相合。组成这个图形的四颗星分别为室宿一、室宿二、壁宿一、壁宿二，它们是北方玄武七宿当中的两个。北方七宿分别为斗、牛、女、虚、危、室、壁。室宿和壁宿连在一起，很像屋顶的天花板，人们只要一抬头就可以看见它。古人把这个四边形看成是避风遮雨的

寒露一候　柔姿斷腸

秋海棠。草花而冒海棠之名。謂其柔姿可愛也。有如魏文婦初抵首于其姑膝。不肯仰視。呼爲斷腸花固當矣。

寒露一候，鸿雁来宾。宾，客也。先至者为主，后至者为宾，盖将尽之谓。

秋海棠 秋海棠科，秋海棠属。多年生草本，高四十到六十厘米，聚伞花序，花粉白至粉红色，花期七月到十月。是我国分布广泛、栽培悠久的草花，古称『相思草』『断肠花』，故有相思、苦恋之寓意。喜温湿、耐荫，常配植于树荫下、溪水旁、墙角边赏其自然之柔美，或盆栽室内观赏。

功效 花、叶、茎、根均可入药。有治疗胃痛、疮毒、哮喘、妇科病等的功效。

栽植恩深雨露同，一丛浅淡一丛浓。平生不借春光力，几度开来斗晚风。

清　秋瑾《秋海棠》

小朵娇红窈窕姿，独含秋气发花迟。暗中自有清香在，不是幽人不得知。

清　袁枚《秋海棠》

寒露二候　落英延龄

菊有大中小。而以中為宗。色有紅黄白。而以黄為正。月令麴有黄花。非可誣矣。楚客餐秋菊落英。人或疑之。不知落英指采摘在地者。常服之。可以明目延龄。

寒露二候，雀入大水为蛤。飞者化潜，阳变阴也。

菊花　菊科，菊属。多年生宿根草本，高六十到一百五十厘米，头状花序，花白、黄、粉或紫等色，品种众多，花期九月到十一月。原产中国，栽培历史有三千多年。其不畏风霜、坚毅顽强的品质备受国人称颂，与梅、兰、竹并誉为『四君子』，是我国传统十大名花之一，也是世界名花，为重要的切花、盆花和园林绿化材料。

功效　花药、食兼用。入药可祛风除湿、消肿止痛、明目延年，还可辅助治疗感冒等症。菊花茶、菊花酒、菊花糕等是我国传统的保健食品。

秋丛绕舍似陶家，遍绕篱边日渐斜。不是花中偏爱菊，此花开尽更无花。

唐　元稹《菊花》

飒飒西风满院栽，蕊寒香冷蝶难来。他年我若为青帝，报与桃花一处开。

唐　黄巢《题菊花》

寒露三候　翠菊接檻

馬蘭一種。花大而色紫者爲翠菊。或紅或白。雜植接檻。可以長維持園色。

寒露三候，菊有黄华。诸花皆不言，而此独言之，以其华于阴而独盛于秋也。

翠菊　又名江西腊。菊科，翠菊属。一年生草本，高十五到一百厘米。头状花序，花蓝、淡紫、红、粉等色，花期七月到十月。原产中国的传统草花，也是世界知名的草花。花期长，花色、花型丰富，观赏价值可与菊花媲美，常用于花坛、花境等园林景观布置，也可做切花、盆栽观赏。

功效　花、叶均可入药，性甘、平，有清热凉血之功效。

故园三径吐幽丛，一夜玄霜坠碧空。多少天涯未归客，尽借篱落看秋风。

明　唐寅《菊花》

一重山，两重山。山远天高烟水寒，相思枫叶丹。
菊花开，菊花残。塞雁高飞人未还，一帘风月闲。

唐 李煜《长相思·一重山》

艳。可见，霜因阴气而生，司霜的青女又和月亮相关，月亮象征太阴，主宰坤道，所谓『广寒』之名也表达了阴气生寒的寓意。

《淮南子·天文训》中说：『至秋三月，地气不藏，乃收其杀，百虫蛰伏，静居闭户，青女乃出，以降霜雪。』霜因青女而名，曰『青霜』，又名『严霜』，温度之低，足以冻杀生命，以致『草木黄落』『蛰虫咸俯』，就连一些武器也借此冠名。王勃《滕王阁序》中『紫电青霜』一句，即指宝剑刃口犀利异常，肃杀之气冷若青霜，故而称之。传说青女每年两次降霜，分别在农历三月十三和九月十四。这两个时间点基本为三月和九月的中气，大致相当于『谷雨』和『霜降』两个节气。每年『霜降』前后，第一次结霜称为『初霜』，次年『谷雨』前后，最后一次结霜称为『终霜』，『终霜』至该年『初霜』之间的时间被称为『无霜期』，轮回循环，周而复始。

时至秋天最后一个节气，植物中的叶绿素逐渐消失，强光和低温则利于花青素的形成，尤其是经霜之后，火红的树叶鲜艳异常，恰似陈毅元帅诗中所写：『西山红叶好，霜重色愈浓。』天气虽冷，但大自然却赋予了这个时令温暖的颜色，黄栌、丹枫、石楠和柿树的叶子争相斗艳，『霜叶红于二月花』的景象不禁令人感叹乾坤造化之神奇。

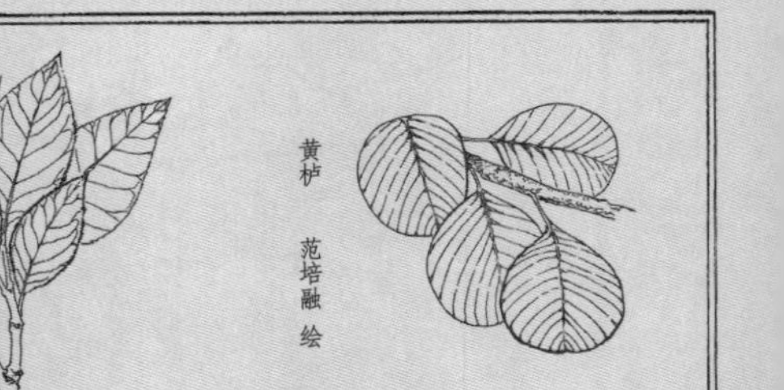

黄栌　范培融 绘

石楠　范培融 绘

霜降

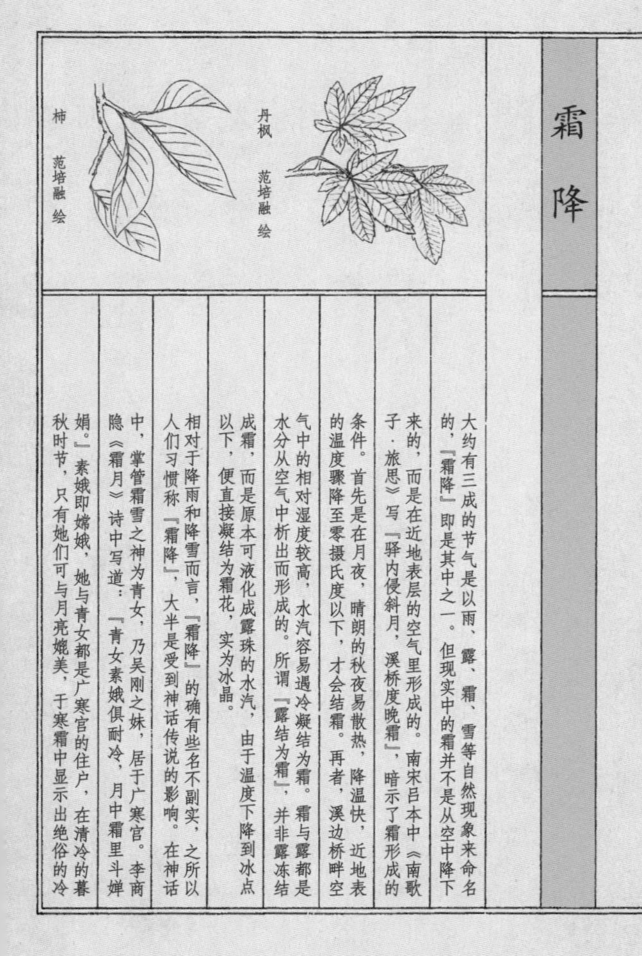

丹枫　范培融 绘

柿　范培融 绘

大约有三成的节气是以雨、露、霜、雪等自然现象来命名的，『霜降』即是其中之一。但现实中的霜并不是从空中降下来的，而是在近地表层的空气里形成的。南宋吕本中《南歌子·旅思》写『驿内侵斜月，溪桥度晚霜』，暗示了霜形成的条件。首先是在月夜，晴朗的秋夜易散热，降温快，近地表的温度骤降至零摄氏度以下，才会结霜。再者，溪边桥畔空气中的相对湿度较高，水汽容易遇冷凝结为霜。霜与露都是水分从空气中析出而形成的。所谓『露结为霜』，并非露冻结成霜，而是原本可液化成露珠的水汽，由于温度下降到冰点以下，便直接凝结为霜花，实为冰晶。

相对于降雨和降雪而言，『霜降』的确有些名不副实，之所以人们习惯称『霜降』，大半是受到神话传说的影响。在神话中，掌管霜雪之神为青女，乃吴刚之妹，居于广寒宫。李商隐《霜月》诗中写道：『青女素娥俱耐冷，月中霜里斗婵娟。』素娥即嫦娥，她与青女都是广寒宫的住户，在清冷的暮秋时节，只有她们可与月亮媲美，于寒霜中显示出绝俗的冷

霜降一候　芙蓉臨汀

木芙蓉。秋花之堪寒者。故謂之拒霜。其初開淡白。經日漸紅者。花較小。臨汀自照。似妖韶之女。羞酒紅之潮面。名爲醉芙蓉。

霜降一候，豺乃祭兽。孟秋鹰祭鸟，飞者形小而杀气方萌；季秋豺祭兽，走者形大而杀气乃盛也。

木芙蓉　又名芙蓉花，锦葵科，木槿属。落叶灌木或小乔木，高两到五米，花大，清晨初开白色，傍晚变深红，花期九月到十月。原产中国南方。绿叶成荫，花大色异，是良好的园林树种，尤宜植于水滨，妖娆的花影有『照水芙蓉』之称。

功效　花、叶入药，有消肿排脓、凉血止血等功效。对二氧化硫、氯气等污染气体有抗性，是理想的环保树种。茎皮纤维可代麻。

水边无数木芙蓉，露染燕脂色未浓。正似美人初醉著，强抬青镜欲妆慵。

宋　王安石《木芙蓉》

怜君庭下木芙蓉，袅袅纤枝淡淡红。晓吐芳心零宿露，晚摇娇影媚清风。

似含情态愁秋雨，暗减馨香借菊丛。默饮数杯应未称，不知歌管与谁同？

唐　徐铉《题殷舍人宅木芙蓉》

霜降二候 雁紅如醉

北雁來賓。籬菊之外。以葉代花。可飾宴席者。唯有此種。抽紅者爲雁來紅。抽黃者爲雁來黃。五色燦爛者爲十樣錦。紅如醉。黃如醒。五色燦爛者如錦繡自悦。並足慰人目。

霜降二候，草木黄落。阳气去也。

三色苋 苋科，苋属。一年生草本，高八十到一百五十厘米，入秋大雁南飞时顶部叶片变色，变为鲜红色者称为雁来红，又叫老来少；浅黄或橙黄色者称为雁来黄；红、黄、绿相间者称为锦西风，又叫十样锦、三色苋。原产美洲热带，我国广泛栽培，是优良的观叶植物，庭院中自然丛植或做花境，也可做盆栽、切花。

功效 全株入药，有解毒、祛寒热、明目之效，种子可治眼疾，嫩叶做蔬菜或饲料。

宋 杨万里《雁来红》

开了原无雁，看来不是花。若为黄更紫？乃借叶为葩。
藜苋真何择，鸡冠却较差。未应樨菊辈，赤脚也容他。

清　江梓《雁来红》

雁影空阶八月天，一枝红紫赛春前。朱颜老去犹如此，惨绿当时是少年。

霜降三候 蘆白似醒

幼而名葭。長而字蘆。老而號葦。其將枯也。飛霜夜撲。江潭千頃。一白如雪。想靈均之獨醒。

霜降三候，蛰虫咸俯。俯，蛰伏也。

芦苇 禾本科，芦苇属。水生或湿生的多年生草本，高两到五米，大型圆锥花序，密生下垂的小花穗，夏末秋初开花不断。全球均有分布，生命力强，是公园水系和城市湿地极佳的绿化材料，大面积种植形成『迎风摇曳多姿态，质朴无华野趣浓』的自然景观，还有调节气候、涵养水源、固堤护坡等生态保护作用。

功效 根入药，有利尿、解毒、镇呕等功效。茎杆可造纸，还是优良的牧草。

高士想江湖，湖闲庭植芦。清风时有至，绿竹兴何殊。
嫩喜日光薄，疏忧雨点粗。惊蛙跳得过，斗雀袅如无。
未织巴篱护，几抬邛竹扶。惹烟轻弱柳，蘸水漱清蒲。
溉灌情偏重，琴樽赏不孤。穿花思钓叟，吹叶少羌雏。
寒色暮天映，秋声远籁俱。朗吟应有趣，潇洒十余株。

唐 王贞白《芦苇》

晴湖浮素练，芦苇冷秋霜。四望皆空阔，孤舟泛渺茫。
水纹星动影，云缝月流光。不似渔翁乐，终身鸥鹭乡。

宋 顾逢《月夜泛舟》

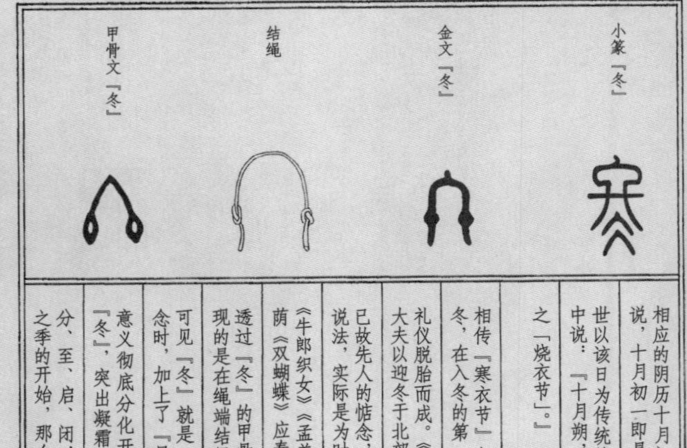

相应的阴历十月初一是一个重要的日子，秦历以十月作为岁首，也就是说，十月初一即是秦朝的新年。而周历以十月为腊月，又是腊祭之节。后世以该日为传统的祭祀节日——『寒衣节』。胡朴安《中华全国风俗志》中说：『十月朔，俗称十月朝。人无贫寒，皆祭其先，多烧冥衣之属，谓之「烧衣节」。』

相传『寒衣节』与孟姜女送寒衣之事有关。十月、冬月、腊月三个月为冬，在入冬的第一天，焚化冥衣慰藉亡灵以御寒冷的习俗，当由古代迎冬礼仪脱胎而成。《礼记·月令》记载：『立冬之日，天子亲率三公、九卿、大夫以迎冬于北郊，还反，赏死事，恤孤寡。』以焚化奉献品的形式表达对已故先人的惦念，名曰『烧献』。后世借孟姜女的故事衍化成『寒衣节』的说法，实际是为时令之需赋予了生动的情节。《梁山伯与祝英台》《白蛇传》《牛郎织女》《孟姜女》并列为中国民间四大传说，分别与四时相应。以柳荫《双蝴蝶》应春，端阳惊变应夏，天河配应秋，送寒衣应冬。

透过『冬』的甲骨文字形，可以想见当初借助结绳记事来造字的情形，它展现的是在绳端结尾处扎束的形象，金文字形还描画出打结后多余的绳头。

可见『冬』就是『终』的本字，为结束之义。有的金文在用它表示时间概念时，加上了『日』部，写作 ，会意太阳年的结束。小篆字形将这两个意义彻底分化开来，加『纟』者为『终』，表示完结；加『仌』者为『冬』，突出凝霜结冰的物候特征。二十四节气中最重要的『八节』划为分、至、启、闭，立春、立夏为启，立秋、立冬为闭。如果说秋天是收藏之季的开始，那么，冬天则意味着全年即将落幕。

立冬

冬神禺强

古时立冬需行北迎冬神之礼。郭璞注解《山海经》时说禺强『字玄冥，水神也』。这也正是《幼学琼林·地舆》中所讲的『北方之神曰玄冥，乘坎而司冬』。由此可见，冬神名为禺强，字为玄冥，亦称水神，居于代表北方的坎卦位置上，『执权而治冬』。《淮南子》点明了冬季寒冷的属性，称北方之极『有冻寒积冰、雪雹霜霰、漂润群水之野，颛顼、玄冥之所司者，万二千里』，还指出禺强为『不周风之所生』，不周风居西北，正是冬季来自西北的冷气团所致。最为动人的是《庄子·逍遥游》中的描写，北冥的大鱼要化而为鸟，迁徙到南冥去，历时恰是半年，北冥至南冥实为季节的流变，即从冬到夏的过程。在此期间，人们会在夜空中看到由井、鬼、柳、星、张、翼、轸七宿组成的巨鸟朱雀在南天上飞翔。

『方过授衣月，又遇始裘天』。陆游于『立冬』之日写下的诗句，揭示了节令更替的自然规律，『授衣』与『始裘』相继而至。七月当令，东方苍龙宿中的『心宿二』，即『大火星』，黄昏时已不再居于南天正中，而是偏西而下，预示着天气转凉。时至九月，棉花收获完毕，丝麻诸事俱已停当。于是，家家户户裁制御寒的冬衣。『立冬』为十月节，十月亦称『孟冬』，《礼记·月令》记载『是月也，天子始裘』，『始裘』即开始穿皮衣。与此

立冬一候　烏桕纔淥

樹之可收蠟及油者。漆黄櫨之外有烏桕。葉橢圓中廣。著花碎黄不堪觀。結實三隅。比萞麻小。比巴豆更小。霜風一施。紅黄繽紛。纔淥乃落。

立冬一候，水始冰。

乌桕

大戟科，乌桕属。落叶乔木，高七到十五米，叶片菱状卵形，入秋变红，妖艳夺目，不亚丹枫，十一月蒴果成熟，露出被白蜡的种子，故称『蜡子树』。叶落后宛如满树积雪，古人曰『偶看柏树梢头白，疑是江梅小着花』。原产中国，栽培历史有一千四百多年，是优良的园林观赏树木。

功效

我国特有的工业油料树种。种子提取的『柏蜡』『柏油』（『青油』）广泛用于制造蜡烛、肥皂、油漆、油墨等，为优良木材，根皮、树皮、叶可入药，有杀虫、解毒、利尿通便等功效。

宋　辛弃疾《临江仙·手种门前乌柏树》

手种门前乌柏树，而今千尺苍苍。田园只是旧耕桑。杯盘风月夜，箫鼓子孙忙。七十五年无事客，不妨两鬓如霜。绿窗划地调红妆。更从今日醉，三万六千场。

宋　陆游《即事》

云起山容改，湖生浦面宽。寒鸦先雁到，乌桕后枫丹。

年迈狐裘帽，时新豆捣团。非关嗜温饱，更事耐悲欢。

立冬二候　龍膽長青

其根苦于口。而利于病。味苦故謂之膽。其花攢于葉閒。甚明麗。自秋接冬。帶霜長青。亦東方肝木之色也。中剛而外柔。吾甚欽之。

立冬二候，地始冻。

龙胆 龙胆科，龙胆属。多年生草本，高三十到六十厘米，具绳索状根茎，花筒状钟形，鲜蓝色或蓝紫色，花期九月到十月，分布于中国和北亚，耐寒，较耐荫。花色奇异，深秋顶霜开放，外柔中刚，若与黄色野菊相伴更添生机和雅趣，适宜点缀庭院。

功效 我国传统中药材。根含有龙胆苦甙等多种苦味成分，有泻肝胆实火、除下焦湿热等功效。

秋风吹尽旧庭柯，黄叶丹枫客里过。一点禅灯半轮月，今宵寒较昨宵多。

明　王稚登《立冬》

人逐年华老，寒随雨意增。山头望樵火，水底见渔灯。
浪影生千叠，沙痕没几棱。峨眉欲还观，须待到晨兴。

宋　范成大《立冬夜舟中作》

立冬三候　馬蘭蕊迸

鷄兒腸一種。分枝較密。開花頗妍者爲馬蘭。紫葩數而黄蕊迸。有類單瓣菊花。故俗呼爲紺菊。西人亦謂之藍菊。

立冬三候，雉入大水为蜃。蜃，肾慎二音，蚌属。

紫菀 菊科，紫菀属。多年生草本，高四十到一百五十厘米，具根状茎，头状花序，单瓣，舌状花为蓝、紫色，筒状花为黄色，夏、秋开花。原产中国、日本、西伯利亚，耐寒、耐涝，是国内外常见栽培的草本花卉，多丛植于园林增添野趣，高生者还是世界著名的切花。

功效 根入药，味苦、性温，有治疗风寒咳嗽气喘、虚劳咳吐脓血等功效。

宋　释文珦《立冬日野外行吟》

吟行不惮遥，风景尽堪抄。天水清相入，秋冬气始交。
饮虹消海曲，宿雁下塘坳。归去须乘月，松门许夜敲。

廿年踪迹遍雕题，传道重游洱水西。离梦独牵张半谷，风流惟共李中溪。
郑玄酧可笺浮蚁，王勃何须檄斗鸡。紫苑丹丘曾有约，赤松黄石肯相携。

明　张含《怀用修仁甫》

《天文节候躔次全图·小雪中星图》

然而，发生于小雪交节之后的『虹藏不见』现象和『龙』的确是有些关系的，这条龙指的仍然是苍龙七宿。小雪为十月中气，黄昏时南天中星是『天纲星』，玄武宿大部分位居西南，东南方则是白虎宿。苍龙宿已完全隐没于西方地平线之下了。其实，待到白昼，苍龙宿又转至南天上空，只不过被强烈的日光所掩，肉眼不能看到而已，因此呈现出藏而不见之状。由此我们也可以理解古人取象于龙拟为『虹』字的思路了。

甲骨文『虹』字很像双龙交尾的形象，这不禁使人联想到著名的『伏羲女娲交尾』的图案，基本遗传物质脱氧核糖核酸（DNA）的分子结构与其极为相似，堪称生命繁衍的象征。《尔雅·释天》疏把『虹』的双龙形象划分为雌雄：『虹双出，色鲜盛者为雄，雄曰虹。暗者为雌，雌曰霓。』我国古代的阴阳学说将雄性的、外向的、上升的、温热的、明亮的归属于阳，雌性的、内守的、下降的、寒冷的、晦暗的划归于阴。《礼记注》曰：『阴阳气交而为虹。』进入冬季，天气上升，地气下降，阴阳离析。《易经》称天地交合为『泰』，也就是通畅的意思。只有天地融通，万物才可富有生机。

《月令七十二候集解》讲：『不交则不通，不通则闭塞，而时之所以为冬也。』正如前文所说，冬是一个喻示生命终了的季节。

汉画像砖中的《伏羲女娲交尾》

小雪

甲骨文『虹』

按照四时轮回的顺序，可以把用作节气名称的自然现象排列为雨、露、霜、雪。其中露与霜是近地层空气中水分凝结而成的，而雨和雪才是真正的降水。『小雪』节气的到来，标志着降水形式由液态转化为固态。雨露属阳，霜雪属阴。《淮南子·览冥训》中讲：『故至阴飂飂，至阳赫赫，两者交接成和，而万物生焉。』入冬以后，草靡叶落，虫蛇蛰伏，大地上几乎所有的生机都潜藏起来。

唐代徐敞在描写时令的诗中写道：『迎冬小雪至，应节晚虹藏。』『小雪』节气分为三候：一候虹藏不见；二候天气上升，地气下降；三候闭塞而成冬。所谓『虹藏不见』，实际是一种比拟的说法。宋神宗的老师孙思恭对于彩虹有过科学的解释：『虹乃雨中日影也，日照雨则有之。』它的形成需要一定的条件，大多出现于『西边日出东边雨』之后，在与太阳相对的方向。雨后空中悬浮着小水滴是形成彩虹不可或缺的因素，时至『小雪』，已经不会再有阳光照射雨滴发生色散的情况出现了。甲骨文中的『虹』字，像身形拱起的龙形，两端各有一个张着嘴的龙头。古人曾认为彩虹是天上的龙在雨后躬身吸水，因此『虹』字从『虫』，取象于龙。『虹藏不见』即指由于节气更替，便没有神龙吸水的现象发生了，所以谓之『藏』。

小雪一候　菟茗氣吐

菟道之茶。爲天下最。不獨嫩芽可供雅賞。花亦清芬。緘破氣吐。剪而插瓶。瀹茶賞之。恐有煮豆燒萁之謗。

小雪一候，虹藏不见。季春阳胜阴，故虹见；孟冬阴胜阳，故藏而不见。

茶树 山茶科，山茶属。常绿木本植物，按树型分乔木型、小乔木型、灌木型，乔木型高数十米，小乔木型、灌木型高八十到一百二十厘米。叶片椭圆形、革质，聚伞花序，花瓣五枚，白色，清香，花期十月至翌年二月。起源于中国西南，在我国栽培和利用已有三千多年的历史，形成绿茶、红茶、乌龙茶、白茶、黄茶、黑茶六大茶叶品系和独特的茶文化。

功效 驰名中外的经济树种。叶子和花制茶，种子榨油，树干材质细密，可用于雕刻。

迎冬小雪至，应节晚虹藏。玉气徒成象，星精不散光。
美人初比色，飞鸟罢呈祥。石涧收晴影，天津失彩梁。
霏霏空暮雨，杳杳映残阳。舒卷应时令，因知圣历长。

唐　徐敞《虹藏不见》

征西府里日西斜，独试新炉自煮茶。篱菊尽来低覆水，塞鸿飞去远连霞。

寂寥小雪闲中过，斑驳轻霜鬓上加。算得流年无奈处，莫将诗句祝苍华。

唐　徐铉《和萧郎中小雪日作》

小雪二候　風蘭一莖

風蘭。有大小二種。小者屬石斛。大者屬幽蘭。屬幽蘭者。一莖九花。花戶呼早開者爲寒鳳蘭。晚開者爲春鳳蘭。花穗皆下垂。一名掛蘭。

小雪二候，天气上升，地气下降。

寒兰　兰科，兰属。多年生草本，叶三到五枚，长四十到七十厘米，总状花序着花五到十二朵，花淡黄绿色带紫斑，香气浓郁，花期九月至翌年二月。原产中国，日本、朝鲜亦有分布，喜荫，不耐寒。为国兰名种之一，我国台湾常见栽培。寒兰讲究整体美，匀称、协调、修长、美艳。

功效　常盆栽观赏，其特有的修美花姿颇受人们喜爱，正所谓『细叶寒兰赏韵致，阔叶寒兰赏气势』。

甲子徒推小雪天，刺梧犹绿槿花然。融和长养无时歇，却是炎洲雨露偏。

唐　张登《小雪日戏题绝句》

蓬户青灯照夜长，观星玩月水云乡。候当小雪寒犹浅，十月初旬始降霜。

明　吴与弼《舟中即事》

小雪三候　吉祥無數

根如石菖蒲。葉如薹。花小瓣厚。外紫内白。一莖十餘萼。人言。此草著花。家有吉祥。然栽培得宜。抽莖無數。未必皆寥寥也。

小雪三候，闭塞而成冬。阳气下藏地中，阴气闭固而成冬。

吉祥草　又名紫衣草。百合科，吉祥草属。多年生常绿草本，高二十到三十厘米，叶带状，深绿色，穗状花序，花内白外紫红色，芳香，八月到九月开放，浆果鲜红色、不脱落，果期十月到十一月。原产中国、日本，喜荫湿，稍耐寒。是优良的耐荫地被植物，花、叶和果兼赏，可盆栽做室内装饰，寓意吉祥。

功效　全草入药，味苦，性平，具有润肺止咳、固肾、接骨等功效。

宋　梅尧臣《次韵和王道损风雨戏寄》小雪才过大雪前，萧萧风雨纸窗穿。而今共唱新词饮，切莫相邀薄暮天。

得名良不恶，潇洒在山房。生意无休息，存心固久长。
风霜空自老，蜂蝶为谁忙？岁晚何人问？山空暮雨荒。

元　王冕《吉祥草》

常冒雪骑驴寻梅，曰「吾诗思在灞桥风雪中驴背上」。』很多名著也都用雪来烘托经典章节的气氛，如《三国演义》中的『刘玄德三顾草庐』，《水浒传》中的『林教头风雪山神庙』皆是如此。《红楼梦》对雪更是下足了功夫，第五十回《芦雪庵争联即景诗》写众人对雪连句，『宝钗、宝琴、黛玉三人共战湘云』的情景与『三英战吕布』同样精彩。

在民间，雪水被称为免费之药。《本草纲目》称：『腊雪甘冷无毒，解一切毒，治天行时气瘟疫。』雪水可治疗烫伤和上火导致的双眼红肿。盛夏涂抹腊雪，可消痱止痒。古人有饮用雪水的习惯。饮用洁净的雪水可降低胆固醇，防治动脉硬化。《红楼梦》第四十一回『栊翠庵茶品梅花雪』写妙玉用收集自梅花上的雪仅招待宝玉、黛玉、宝钗三人吃『体己茶』，可以看出主人对梅花雪的格外珍视。小说中写：『宝玉细细吃了，果觉轻浮无比，赏赞不绝。』古人以雪烹茶的习惯，早已在白居易『融雪煎香茗』的诗句中得到证实。雪水中的重水含量比普通水少四分之一，有益于生命。而重水分子的质量比一般水要重，氘的原子量为普通轻氢的二倍，抑制生物的生长，是一种危害生命的水。宝玉在饮用雪水后感觉轻浮无比，正是因为雪水中的重水含量少造成的。实验证明，种子经雪水浸泡后播种，可显著增产。可以说，降雪是冬季人们最为期待的事情，积雪对越冬作物具有保温作用，雪水融化又会增加土壤中的水分，益于庄稼生长。农谚说『今年麦盖三层被，来年枕着馒头睡』，也就是『瑞雪兆丰年』的原因所在。

《快雪时晴图》 元代黄公望绘

大雪

十月，十一月，十二月为冬，『大雪』值十一月节，正是仲冬之际。此时降雪的可能性要大于『小雪』节气，雪量也会更大，故称『大雪』。雪是降水的固态形式，由大量白色不透明的冰晶和其聚合物组成。空气中的水分遇冷凝结为冰晶降落下来，就是我们看到的雪花。

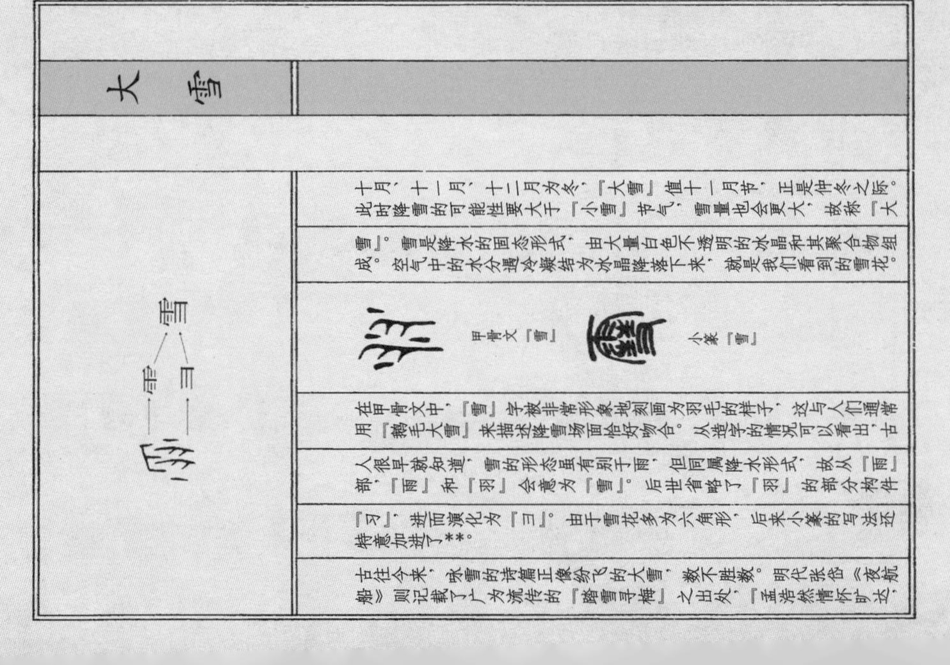

甲骨文『雪』

小篆『雪』

在甲骨文中，『雪』字被非常形象地刻画为羽毛的样子，这与人们通常用『鹅毛大雪』来描述降雪场面恰好吻合。从造字的情况可以看出，古人很早就知道，雪的形态虽有别于雨，但同属降水形式，故从『雨』部，『雨』和『羽』会意为『雪』。后世省略了『羽』的部分构件『习』，进而演化为『彐』。由于雪花多为六角形，后来小篆的写法还特意加进了**。

古往今来，咏雪的诗篇正像纷飞的大雪，数不胜数。明代张岱《夜航船》则记载了广为流传的『踏雪寻梅』之出处，『孟浩然情怀旷达，

大雪一候　茶梅先鞭

類山茶花。樹葉皆小。冒霜雪先發。梅花山茶。愕然在後。亦擋江祖生之比也。

大雪一候，鹖鴠不鸣。鹖鴠，音曷旦，夜鸣求旦之鸟，亦名寒号虫，乃阴类而求阳者，兹得一阳之生，故不鸣矣。

茶梅 山茶科，山茶属。常绿小乔木，高三到六米，花瓣五枚，白、粉红至红色，微香，花期十一月至翌年二月。因叶似茶、花如梅而得名。原产日本，中国亦有分布，古称『海红』，在我国栽培历史一千两百多年。喜光、不耐寒。明代画家陈道复《茶梅》诗中写了茶梅的小巧玲珑：『花开春雪中，态较山茶小。老圃谓茶梅，命名亦端好。』

功效 树型娇小、叶形雅致、花色艳丽，花期正值圣诞、元旦和春节，深受人们青睐，是优良的观赏花木，用于园林绿化美化，也可作盆栽、盆景、插花观赏。

宋　刘克庄《九月初十日值宿玉堂七绝》 窗外茶梅几树斜，薄寒生意已萌芽。主人不作明朝计，愁绝无因见放花。

牙轴珠联秘签縢，晓窗开卷见诗明。曲渠荷苇鸣新雨，深院茶梅响落冰。
山市雪晴邀试酒，溪桥月好近烧灯。玉泓不放花流出，闻有潜鱼解避罾。

宋　舒岳祥《次韵记马耳峰旧游》

大雪二候　山茶後拒

初抽芽時。蒸碾爲末。可和茶助色。故名山茶。世人誤填以椿字。因椿山茶古名相近。花有數十品。自冬至春。後先相映。以此爲一年花木之殿。不亦可乎。

大雪二候，虎始交。虎本阴类，感一阳而交也。

山茶　又名山茶花、茶花。山茶科，山茶属。常绿灌木或小乔木，高六到九米，原种花单瓣，红色，品种众多，花期长，一月到三月盛开。原产中国，栽培历史两千多年。我国传统十大名花之一，也是世界名花。经久的花期和高雅端庄的气质备受称颂。陆游诗曰：『东园三月雨兼风，桃李飘零扫地空。唯有山茶偏耐久，绿丛又放数枝红。』

功效　经济价值高。花入药，微辛、甘寒，有凉血止血、散瘀等功效，叶片可做茶，种子榨油食用。

萧萧南山松，黄叶陨劲风。谁怜儿女花，散火冰雪中。
能传岁寒姿，古来惟丘翁。赵叟得其妙，一洗胶粉空。
掌中调丹砂，染此鹤顶红。何须夸落墨，独赏江南工。

宋　苏轼《山茶》

萧寺两株红，欲共晓霞争色。独占岁寒天气，正群芳休息。
坐中清唱井阳春，写物妙诗格。霜鬓自羞簪帽，叹如何抛得。

宋 王之望《好事近（成都赏山茶，用路漕韵）》

大雪三候　水仙銀臺

素葩承黃。故稱金盞銀臺。近年舶載者。有中外俱白。有中外俱黃。其重葉者。即玉玲瓏也。

大雪三候，荔挺出。荔，一名马蔺，叶似蒲而小，根可为刷。

中国水仙 石蒜科，水仙属。多年生草本，高三十到八十厘米，具鳞茎，伞房花序着花三到十一朵，花瓣六枚，白色，副冠黄色，芳香，花期一月到二月。原产地中海沿岸，中国东南有分布。我国传统十大名花之一。株丛清秀，花香馥郁，常盆栽水养装点室内，好似『凌波仙子』，是我国『岁朝清供』的年宵花。

功效 鳞茎入药，含伪石蒜碱等多种生物碱，具有清热解毒、散结消肿等疗效。花的芳香油可做香料工业原料。

凌波仙子生尘袜，水上轻盈步微月。是谁招此断肠魂，种作寒花寄愁绝。
含香体素欲倾城，山矾是弟梅是兄。坐对真成被花恼，出门一笑大江横。

宋　黄庭坚《王充道送水仙花五十支》

清夜沉沉，携来深院柔枝小。佃兰开巧，雪里乘风袅。
温室寒祛，旖旎仙姿早。看成好，花仙欢笑，不管年华老。

宋　王十朋《点绛唇（寒香水仙）》

月份相应的十二乐律便依次为黄钟、大吕、太簇、夹钟、姑洗、中吕、蕤宾、林钟、夷则、南吕、无射、应钟。西方钢琴理论的『十二平均律』也与此相合，一个『半音』正是与阳历月令相对应的一律，即所谓『律吕调阳』。杜甫《小至》写『吹葭六琯动浮灰』，是说『冬至』律应黄钟，该管内的葭灰就飞动起来。据说古人以『吹灰』之法候气，用苇膜之灰堵于律管上口。根据阴阳之气距地面深浅，依次埋于地中，其月气至，则灰飞管通。今人认为此法没有科学依据，可能是尚未知晓古法运用的所有条件和全过程，对其科学性也就无从验证。古希腊的毕达哥拉斯学派认为，宇宙中各天体的体积差异以及相隔的不同距离，致使彼此存在和谐的关系，并与音乐的音程对应，形成『天体乐章』，这与《月令》律应之说可谓异曲同工。

对于『冬至』的重视，并非仅限于我国。可以说，对于全世界而言，『冬至』这天都是一个重要的日子。罗马人以儒略历的冬至日为太阳神节，波斯人以此日为太阳神米特拉节，巴比伦秘密宗教也将其视为太阳神的诞辰……这一切都证明了人类对于太阳的崇拜。儒略·恺撒把『冬至』后第十日，罗马执政官上任的日子，定为一月一日岁首，以使执政官一年的任期与太阳年周期同步。基督教将儒略历冬至日定为耶稣的诞辰，即『圣诞节』。后来格里历在此基础上改进精度，成为现行的公历。可见冬至、圣诞、元旦都具有标记新年的作用，只不过公历元旦掺进了政治元素，没有体现纯粹的天文意义而已。

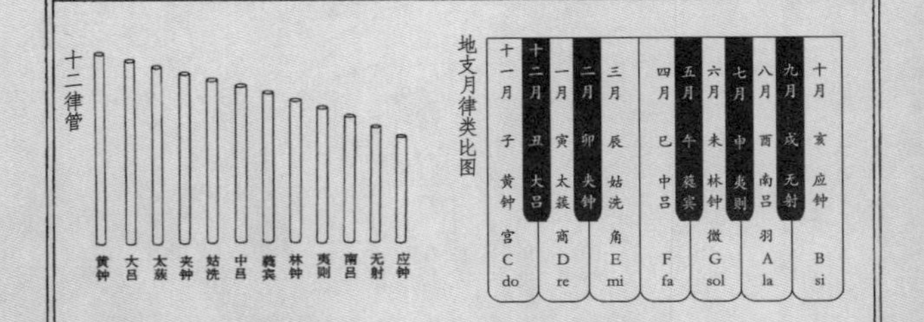

十二律管

地支月律类比图

冬至

《尚书·尧典》记载：『日短星昴，以正仲冬。』意思是如果日落时看到昴宿出现在中天，就证明『冬至』到了。追求极致的本能使人类发现了日影最长的一天，并将其定为『冬至』。我国先民用竖圭卧表观测日影，把日影两次到达『冬至点』所需要的时间定为一回归年，古称『岁实』，即地球围绕太阳公转一周的时长，故又称『太阳年』。鉴于观测需要，古人习惯把『冬至』当作阳历年的开始，认为『冬至一阳生』，是回到原点的标志。『冬至』为十一月中气，与地支中的『子』位相合。因此，民间至今仍有『冬至大过年』之说，重视程度堪比阴历新年。周代历法即以『冬至』所在的建子之月作为岁首，天子要在这天率领百官，举行盛大的祭天仪式。

《庄子》说：『黄钟者，律之始也。九寸，仲冬气至则黄钟之律应。』由于先民历来把历法和音律联系在一起分析，所以『冬至』也被看作乐律之始。古人用十二根长度不同，直径相同的定音管，吹出十二个高度不同的标准音，称『十二律』，循环往复，以应月令。蔡邕《月令章句》以黄钟为标准，称黄钟管长，直径和周长之比为三十比一比三，『黄钟之长九寸，孔径三分，围九分』。若以十一月建子作为新年伊始，那么与地支

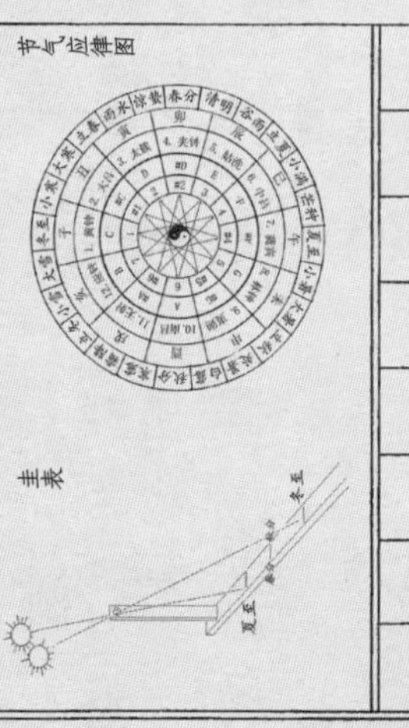

冬至一候　杜衡金釜

古言。杜衡亂細辛。今人猶呼杜衡為細辛。習俗之難改如此乎。細辛止四五種。皆凋于歲寒。杜衡數百品。四時不改色。一種黄花者。狀如釜。色如金。亦雅賞也。

冬至一候，蚯蚓结。阳气未动，屈首下向，阳气已动，回首上向，故屈曲而结。

杜衡 马兜铃科，细辛属。多年生草本，高十二到二十厘米，根状茎具辛香，叶片阔心形至肾心形，花钟状，暗紫色，花期三月到四月。原产中国。喜温湿，耐荫，不耐寒。是良好的观叶植物，宜盆栽装点室内，也可配植于岩石园。

功效 全草和根茎入药，味辛，性温，小毒。具有祛风散寒、消痰行水、活血止痛、解毒之功效。

冬至至后日初长，远在剑南思洛阳。青袍白马有何意，金谷铜驼非故乡。
梅花欲开不自觉，棣萼一别永相望。愁极本凭诗遣兴，诗成吟咏转凄凉。

唐　杜甫《至后》

唐　白居易《冬至夜》

三峡南宾城最远，一年冬至夜偏长。今宵始觉房栊冷，坐索寒衣托孟光。

老去襟怀常濩落，病来须鬓转苍浪。心灰不及炉中火，鬓雪多于砌下霜。

冬至二候　馨口心紫

蠟梅凡三種。有九英荷花馨口之別。皆黃葩檀心。對葉銳首類辛夷。葉脫蓄露。形有類梅。而無龍蟠虎踞之態。三種之中。以馨口為上。

冬至二候，麋角解。阴兽也，得阳气而解。

蜡梅　蜡梅科，蜡梅属。落叶灌木，高四米，花淡黄，芳香，十一月至翌年三月先叶开放。因花似梅、花色似蜜蜡得名，又因花开腊月称腊梅。中国特有的珍贵花木，耐寒、极耐旱。寒冬腊月，甜香远溢，是理想的冬季观赏花木，南方园林中多与南天竹配植，呈现『红果、黄花、绿叶』的优美冬景，北方与松柏共植更显其刚毅倔强、坚忍不拔的品质，常作盆栽、盆景、切花供室内观赏。

功效　花、叶、根药用，有理气止痛、散寒解毒等功效。花含有芳樟醇等多种芳香物，是高级花茶和香料的原料。

晴日烘开小蜜房，紫檀心里认蜂黄。一冬不被风吹落，却讶江梅易断肠。

宋　何应龙《蜡梅》

宋　杨万里《蜡梅》

天向梅梢别出奇，国香未许世人知。殷勤滴蜡缄封印，却被霜风折一枝。

冬至三候　迷迭香奇

樹小而老蒼。葉纖而糙硬。其香特奇。四時著花。粉紫色。似薄荷花。

冬至三候，水泉动。天一之阳生也。

迷迭香　唇形科，迷迭香属。常绿灌木，高六十到二百厘米，叶片线形，灰绿色，总状花序，花有蓝、粉、白、淡紫色等，花期十一月。原产地中海及北非，喜温，不耐寒。花、叶具有强烈、奇异的香气，为世界知名的芳香植物，园林中可自然丛植，或作专类园。

功效　重要香料植物，是西餐的常用香料。花、叶提取的迷迭香精油广泛用于医药、日用化工、食品工业。药用有镇静安神、降压、助消化、预防感冒等功效。

播西都之丽草兮，应青春而凝晖。流翠叶于纤柯兮，结微根于丹墀。
信繁华之速实兮，弗见凋于严霜。芳暮秋之幽兰兮，丽昆仑之英芝。
既经时而收采兮，遂幽杀以增芳。去枝叶而特御兮，入绡縠之雾裳。
附玉体以行止兮，顺微风而舒光。

汉　曹植《迷迭香赋》

生中堂以游观兮，览芳草之树庭。重妙叶于纤枝兮，扬修干而结茎。
承灵露以润根兮，嘉日月而敷荣。随回风以摇动兮，吐芬气之穆清。
薄西夷之秽俗兮，越万里而来征。岂众卉之足方兮，信希世而特生。

汉　曹丕《迷迭香赋》

据。俗话说「冷在三九」，这是一年当中最冷的时段，与「小暑」遥相呼应，正好相差半年。此时河湖封冻，是冰上运动的最好时机。「冰嬉」作为北方传统的冬季体育活动，至晚在宋代便有记载，《宋史·礼志》就明确描述了皇帝在后苑「观花，作冰嬉」的情形。后金努尔哈赤曾建有擅长滑冰的军队，穿着一种名为「乌拉滑子」的冰鞋，可「一日夜行七百里」。至清朝，冰上运动更为盛行，它不只是军队的冬练项目，从宫廷到民间无不以此为乐，冰嬉被称为「国俗」。宫廷冰上活动主要在北京北海及中海的冰面上举行。今故宫博物院所藏《冰嬉图》描绘的即是乾隆年间宫廷冰嬉活动之盛况。

当初少昊以「玄鸟司分」「伯赵司至」。伯赵即伯劳，此鸟不同于南北迁徙的燕子，而是一种留鸟，每年夏至时鸣叫，冬至后止啼，故而少昊将其用作掌管二至之官的官名。伯赵亦为赵姓氏族的图腾鸟。宋代画家李迪《雪树寒禽图》中的寒禽即是伯劳，此画作于宋孝宗淳熙年间，是南渡之后的作品。靖康变乱，山河萧索，社稷寒苦不已，昔日东京的繁华也只能见于梦中。伯赵氏既为赵姓之源，想必画家意在以此喻示赵宋，犹如冬至后止啼的寒禽伯劳，已不能像先前那样号令天下了。

唐代诗人元稹有诗咏「小寒」曰：「小寒连大吕，欢鹊垒新巢。」「小寒」为十二月节，《礼记·月令》称季冬之月「律中大吕」，与此相合。喜鹊为留鸟，善营巢穴，不随季节迁徙。「小寒」之后，喜鹊开始在高树顶端建巢，以备孵化次年春天的新生命。「莫怪严凝切，春冬正月交」，元稹《小寒》诗的最后两句表达了严冬中人们对春天的期盼。

《冰嬉图》局部　清代张为邦、姚文瀚绘

小寒

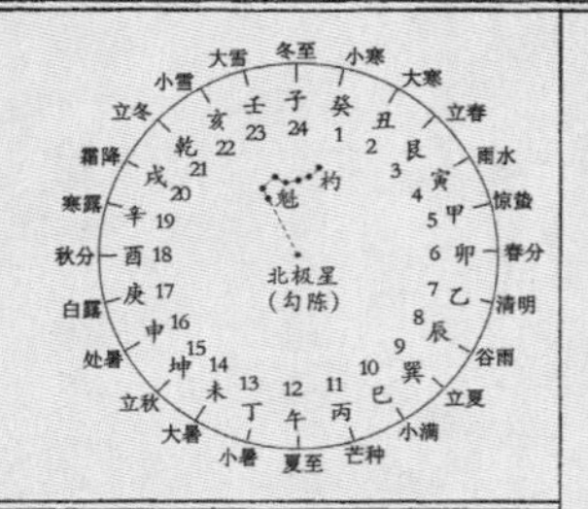

星晷盘面示意

『斗指子则冬至，音比黄钟。加十五日指癸则小寒。』如果按照《淮南子·天文训》的描述，可以把节气及其应对的二十四个方位画成图像，唐代据此发明了以夜间观星来勘定节气和时刻的仪器，星晷。这些方位是十二地支之间穿插四维和八个表示正方向的天干组成的。四维即东北、东南、西南、西北四隅，分别由艮、巽、坤、乾四卦来表示。戊、己居中央，不在四周之列。以『两维之间九十一度十六分度之五』计算，周天四维共三百六十五度四分度之一度，与太阳年数值相合，斗柄『日行一度，十五日为一节，以生二十四时之变』。斗柄是北斗的第五、六、七颗星，合称为『杓』。北斗酷似钟表指针，围绕北极星转动。当斗柄指向癸位时，便是『小寒』节气。

自『冬至』开始数九，《九九歌》云：『一九二九不出手，三九四九冰上走。五九六九河边看柳，七九河开，八九雁来。九九加一九，耕牛遍地走。』名曰『九九』，实则『九九加一九』为十个九，恰是『冬至』到『春分』的这段时间，精确地讲是九十一又十六分之五天，乃一维之数。『冬至』十五日后交『小寒』，正是『二九』第六天前后，又因在『四九』第二天前后交『大寒』，可见『小寒』节气大部分时间都被整个『三九天』占

小寒一候　杷蕚䙴葉

草花不畏寒者為款冬。樹花不畏寒者為枇杷。並性堅貞，可以亢冬日祁寒。故枇杷亦有款冬之名。西土藥舖遂混為一。至以枇杷花為款冬鬻之。誤之甚也。

小寒一候，雁北乡。一岁之气，雁凡四候。如十二月雁北乡者，乃大雁，雁之父母也。正月候雁北者，乃小雁，雁之子也。盖先行者其大，随后者其小也。

枇杷　蔷薇科，枇杷属。常绿小乔木，高六到十米，因叶片似乐器琵琶而得名。圆锥花序，花瓣五枚，白色，花期十月到十二月。果实球形，黄色或橘黄色，酸甜多汁、芳香，五月到六月成熟。原产中国，为著名的亚热带果树，在南方常栽植于庭院观赏。

功效　药、食两用。果实含有丰富的营养，胡萝卜素含量在各水果中位居第三。药用有清肺胃热、降气化痰的功效，是止咳中药的主要成分。

唐　羊士谔《题枇杷树》

珍树寒始花，氛氲九秋月。佳期若有待，芳意常无绝。
袅袅碧海风，濛濛绿枝雪。急景自馀妍，春禽幸流悦。

宋　董嗣杲《枇杷花》

种接他枝宿土乾，花开抵得北风寒。蛹须负雪疑蜂蛰，毛叶粘霜若蝟攒。

蕤破极冬悬蜡蒂，果收初夏镝金丸。冻香便觉佁如蜜，树掩卢村月色宽。

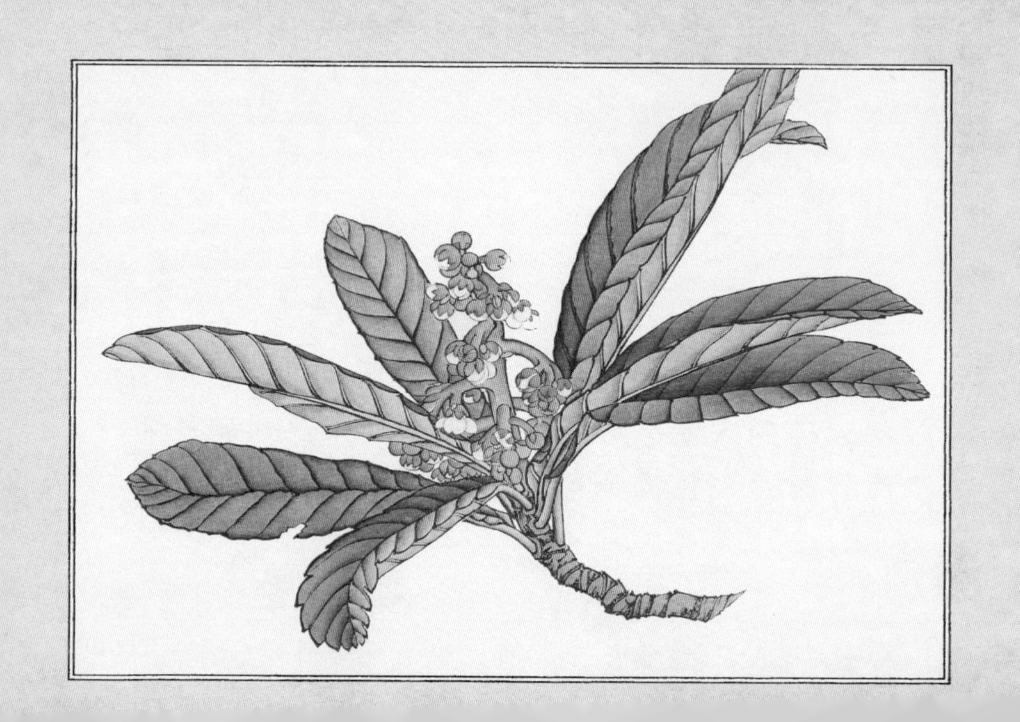

小寒二候　榛花懸枝

女之贄榛栗。榛之用舊矣。然有十榛九空之語。不能免華而無實之毀。此樹花實異所。葉之全脱。數花懸枝頭。似赤楊而黰紫色。茶博士插餅以爲雅觀。

小寒二候，鹊始巢。鹊知气至，故为来岁之巢。

榛　桦木科，榛属。灌木或小乔木，高一到七米，雄花序暗紫色，悬挂枝头，果苞钟状，坚果（榛子）近球形。分布广泛，耐寒、耐旱，抗烟尘。为重要的果树，其坚果是世界四大干果（核桃、扁桃、榛子、腰果）之一。还是绿化和水土保持的良好树种。

功效　榛子富含油脂、蛋白质、氨基酸、微量元素等营养物质，尤其维生素E含量高达百分之三十六，食用有延缓衰老、防治血管硬化、润泽肌肤的功效。

小寒时节，正同云暮惨，劲风朝烈。信早梅、偏占阳和，向日暖临溪，一枝先发。时有香来，望明艳、瑶枝非雪。想玲珑嫩蕊，绰约横斜，旖旎清绝。仙姿更谁并列。有幽香映水，疏影笼月。且大家、留倚阑干，对绿醑飞觥，锦笺吟阅。桃李繁华，奈比此、芬芳俱别。等和羹大用，休把翠条漫折。

宋　无名氏《望梅·小寒时节》

小寒连大吕，欢鹊垒新巢。拾食寻河曲，衔紫绕树梢。

霜鹰近北首，雊雉隐聚茅。莫怪严凝切，春冬正月交。

唐　元稹《咏廿四气诗·小寒十二月节》

小寒三候 木筆書空

辛夷。冬月無葉。唯見枝柯縱横。千百木筆。咄咄書空。造物無私。不知於汝有何不平。

小寒三候，雉雊。雊，句姤二音，雉鸣也。雉火畜，感于阳而后有声。

紫玉兰 又名木兰。木兰科，木兰属。落叶灌木，高三到五米，花瓣六枚，外紫红色，内粉白色，三四月份先叶开放。其带花蕾的枝条极似毛笔，故称木笔。中国特有树种，栽培历史两千多年，古代园林中广植此树，是我国传统花木，也是享誉世界的早春观赏树木。

功效 树皮、叶、花蕾均可入药。花蕾含柠檬醛、桉油精等挥发油，气香、味辛辣，故称辛夷，为我国传统中药，主治鼻炎、头痛等症。

嫩如新竹管初齐，粉腻红轻样可携。谁与诗人偎槛看，好于笺墨并分题。

唐 吴融《木笔花》

一种香兰玉色新，仙家分得蕊宫春。调高韵胜谁能称，付与能言解语人。

宋　楼钥《以玉兰赠王习父》

『大寒』历经『四九』的中后期和『五九』的全程。『五九六九沿河看柳』，此时已到了与『春打六九头』相交接的时候。『过了大寒，又是一年』。『大寒』节气过后，一个新的轮回又将如期而至。而这个时段的夜晚，仍然笼罩于冬季星空之下。如果向南面的天空眺望，就会看到三颗分外明亮的星辰。最东边的是『南河三』，西边的是『参宿四』，另外一颗就是著名的『天狼星』。三颗亮星构成一个大大的三角形，这个最具代表性的冬季天象，被称为『冬季大三角』。

『参宿四』是西方白虎官第七宿『参宿』当中的一员。『参宿』共由七颗星组成，与西方天文学所说的『猎户座』相应。作为『猎户』腰带的『参宿一』『参宿二』『参宿三』在晚间八点钟左右，处于正南方的天空上。『三星高照，新年来到。』这三颗星就是神话传说中的『福、禄、寿』三星，当它们高挂南天的时候，标志着新的一年即将来临。

『年』的甲骨文字形是人负禾之状，表示将成熟的庄稼背回家，即人们常说的年成。而耕耘收获都需不违农时，这样，二十四节气的作用就凸现出来。二十四节气正是太阳年的一个完整周期，是地球绕日公转一周的体现。然而，它们分割太阳年虽然可以精确到分秒，但在纪日这一层面却不如阴历系统使用起来方便。因此，自朝廷至民间皆习惯于用阴历纪月和纪日，继而影响到纪年，把阴历年的新旧交替称之为『过年』。我国所特有的阴阳合历力图使月的长度贴近朔望月周期，年的长度贴近太阳年周期，以使阴阳平衡。如此一来，阴历新年便总与立春的日期相距不远。

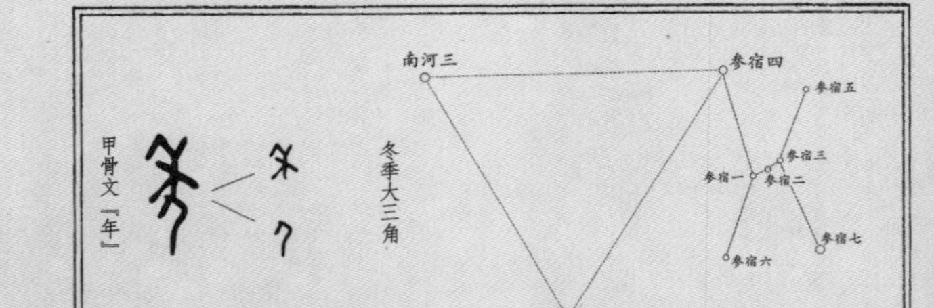

冬季大三角

甲骨文『年』

大寒

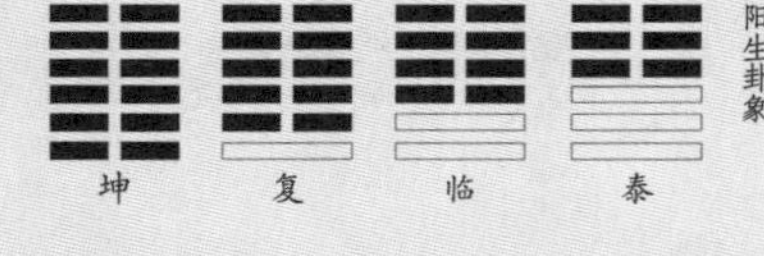

『太阳年』的冬季由十月、十一月、十二月构成，以十月节『立冬』的交节作为开始，以十二月中气『大寒』的终了作为结束。《周易》以纯阴之象的『坤卦』对应十月，『复卦』对应十一月，为一阳生，合于『冬至』。『临卦』对应十二月，为二阳长。『泰卦』对应正月，即所谓『三阳开泰』。易卦是古人通过观察宇宙万物，经高度归纳，提炼为法则性的『式』。『式』被符号概括之后称为『卦』，在后来指导人们认识未知世界的实践中起着重要的作用。正像《说文解字·叙》对先民描述的那样：『仰则观象于天，俯则观法于地，观鸟兽之文与地之宜，近取诸身，远取诸物。于是始作易八卦，以垂宪象。』卦的最小单位是『爻』，表示阴阳的交织，以『⚊』代表阳，以『⚋』代表阴。从坤、复、临、泰诸卦的卦象中可以清楚地看到，这是一个阴阳消长的过程。从『冬至』起，阳气已经开始上升。因此，『复卦』最下面一爻为『⚊』，表示『冬至』时节一阳生；『临卦』下有两『⚊』爻，表示『大寒』时节二阳长；如果继续发展，下有三『⚊』爻，那时阳气便逐步升腾至地面，即『开泰』之象，上坤下乾，表示天地交合，冬去春来，万物复苏。

大寒一候　款冬穿陂

按字書。款叩也。求通也。款冬之芑。方至陰之時萌動。求微陽之通。所以有款冬之名。見其鬆脆而穿堅陂。柔能勝剛者也。五行之序。木剋土。豈謂此類乎。

大寒一候，鸡乳。鸡，水畜也，得阳气而卵育，故云乳。

款冬　菊科，款冬属。多年生草本，高十到二十五厘米，叶片呈心脏形或卵形。头状花序，舌状花一轮，鲜黄色，花期二月到三月。中国广泛分布，喜荫、耐寒。早春大叶覆盖地面，其上点点黄花构成优美的自然景观，适宜做林下地被植物。

功效　全株可入药。花蕾是传统中药款冬花，性味辛温，具有润肺下气、化痰止嗽的功效。

僧房逢着款冬花，出寺行吟日已斜。十二街中春雪遍，马蹄今去入谁家。

唐　张籍《逢贾岛》

野人清旦起，扫雪见兰芽。始畎春泉入，惟愁暮景斜。
未抽萱草叶，才发款冬花。谁念江潭老，中宵旅梦赊。

唐　李德裕《忆平泉杂咏·忆药栏》

大寒二候　獐耳善喻

毛蟲三百六十。唯獐其耳三歧。有艸於兹。花小于錢。粉紅可愛。葉厚而三尖。呼爲獐耳細辛。可謂善取喻矣。

大寒二候，征鸟厉疾。征鸟，鹰隼之属，杀气盛极，故猛厉迅疾而善于击也。

獐耳　又名獐耳细辛。毛茛科，獐耳细辛属。多年生草本，高八到十八厘米，叶片正三角状宽卵形，形似獐耳，故得名。花单生，粉红色或紫色，花期四月到五月。在中国分布较广泛，喜荫、耐寒。自然野生于高海拔的林荫下，早春时厚大的獐耳叶托着小巧的粉花野趣十足。

功效　根茎入药，中药名为獐耳细辛，味苦、性平，具有活血祛风、杀虫止痒之功效。

旧雪未及消，新雪又拥户。阶前冻银床，檐头冰钟乳。
清日无光辉，烈风正号怒。人口各有舌，言语不能吐。

宋　邵雍《大寒吟》

宋　曾丰《冬行买酒炭自随》

大寒已过腊来时，万物那逃出入机。木叶随风无顾藉，溪流落石有依归。
炎官后殿排霜气，玉友前驱挫雪威。寄与来鸿不须怨，离乡作客未为非。

大寒三候　迎春佳期

春之季秋之仲。為百花鬬芳之候。雖絶愛花者。無暇一一顧之。其能耐寒冒雪迎春。黄葩爛熳者。獨專主人之寵。受貴賓之憐。可不謂知佳期乎。

大寒三候，水泽腹坚。阳气未达，东风未至，故水泽正结而坚。

迎春　又名迎春花。木犀科，素馨属。落叶灌木，高两到三米，枝条下垂。花冠高脚碟状，黄色，清香，二月到四月先叶开放。原产中国，栽培历史一千多年，为我国常见早春花灌木。园林中多配植在湖边、林缘、坡地。其迎来春天却不居功自傲的品质备受称颂，古诗曰：『覆阑纤弱绿条长，带雪冲寒折嫩黄。迎得春来非自足，百花千卉共芬芳。』

功效　花、叶入药，有活血解毒、消肿止痛、解热利尿等功效。

破寒乘暖迓东皇，簇定刚条烂熳黄。野艳飘摇金誉嫩，露丛勾引蜜蜂狂。
万千花事从头起，九十韶光有底忙。岁岁阳和先占取，等闲排日趱群芳。

宋　董嗣杲《迎春花》

锦作薰笼越样新，迎春犹及送还春。花时色与香如此，花后娟娟更可人。

宋　曹彦约《迎春花》

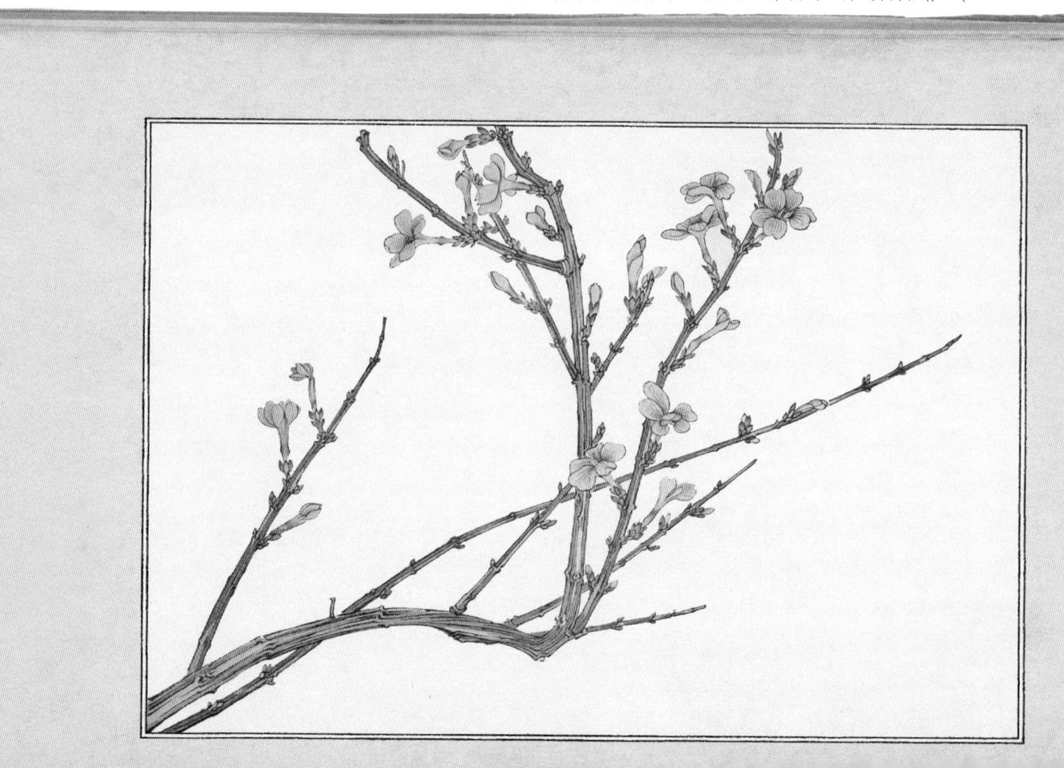

『花木管时令，鸟鸣报农时』，古人从自然现象中捕捉农耕的指令，以获得丰收的回馈。春种夏耕，秋收冬藏，当今的人们虽然不用依据物候时令安排生活，却也无法脱离季节的轮转。

『春有百花秋有月，夏有凉风冬有雪』，每一季有每一季的特色，每一候有每一候的花开。我国自古对花的吟咏颇多，『只恐夜深花睡去，故烧高烛照红妆』，爱花惜花，从花中感知美，方不负短短的花期。人们对美的感觉是相通的，近二百年前，一个日本画家记录下信风吹来花开最美的时刻，花美、文美、画美，如此交织，是否就是所谓的『生命是一袭华美的袍』？时光不老，天地万物永远与人类息息相关、互相映照。你是否想亲手触摸这属于二十四节气的花之美？现在就移二十四株给你，虽是黑白初稿，却有已成的颜色，心有所想之时，便可以执笔，感受每一株花从空灵到饱满。

愿从此你的节气有花为伴，生活有诗相随。

立春三候　早梅馥郁

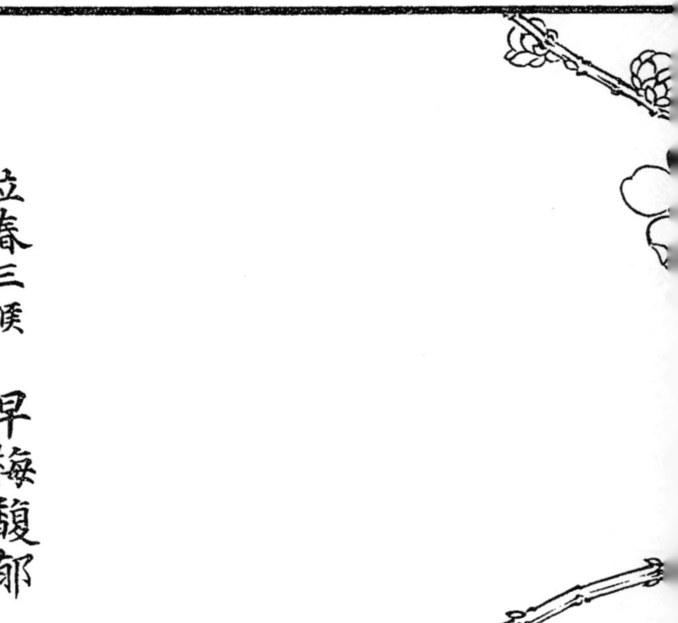

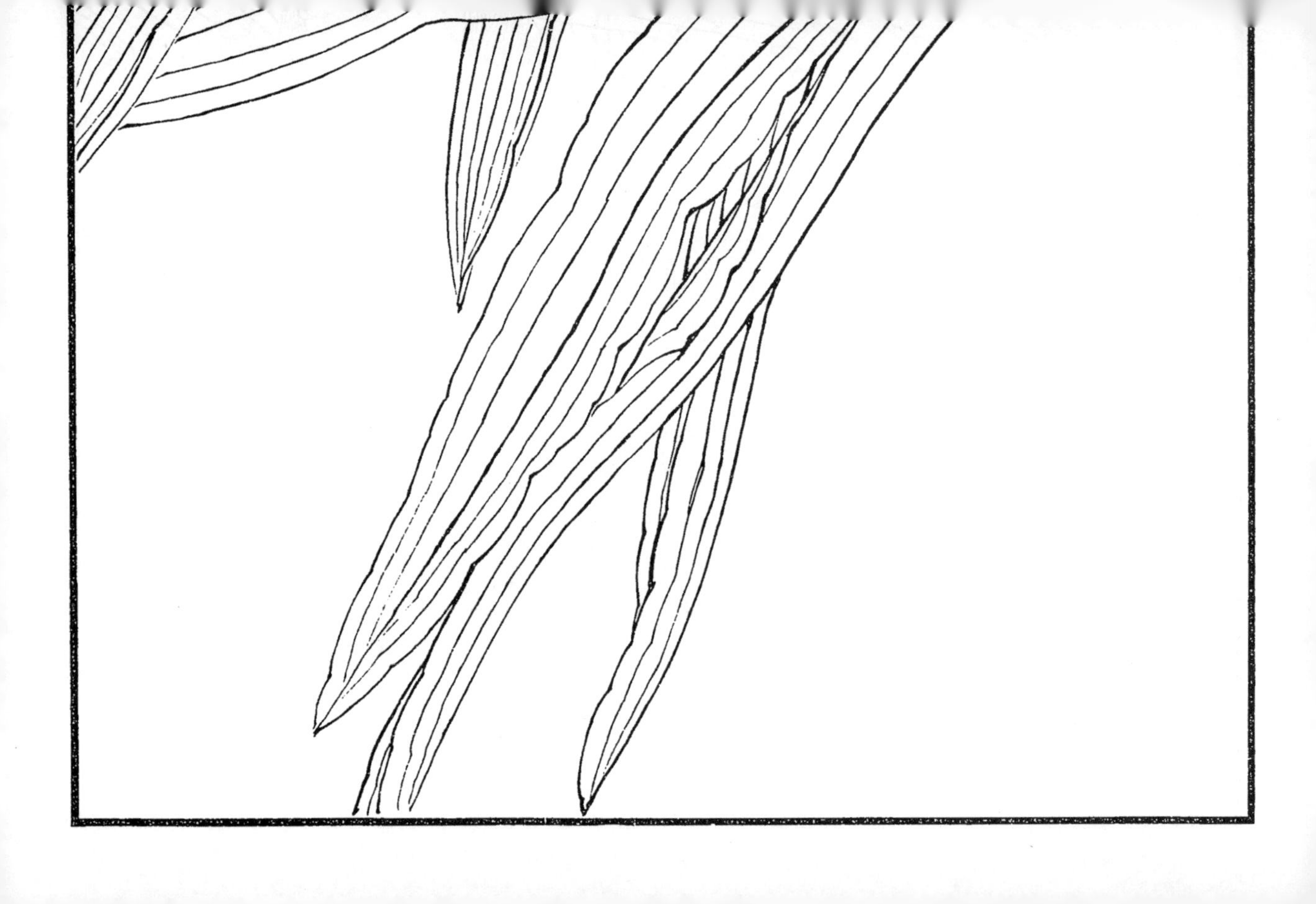

雨水二候
歲蘭影瘦

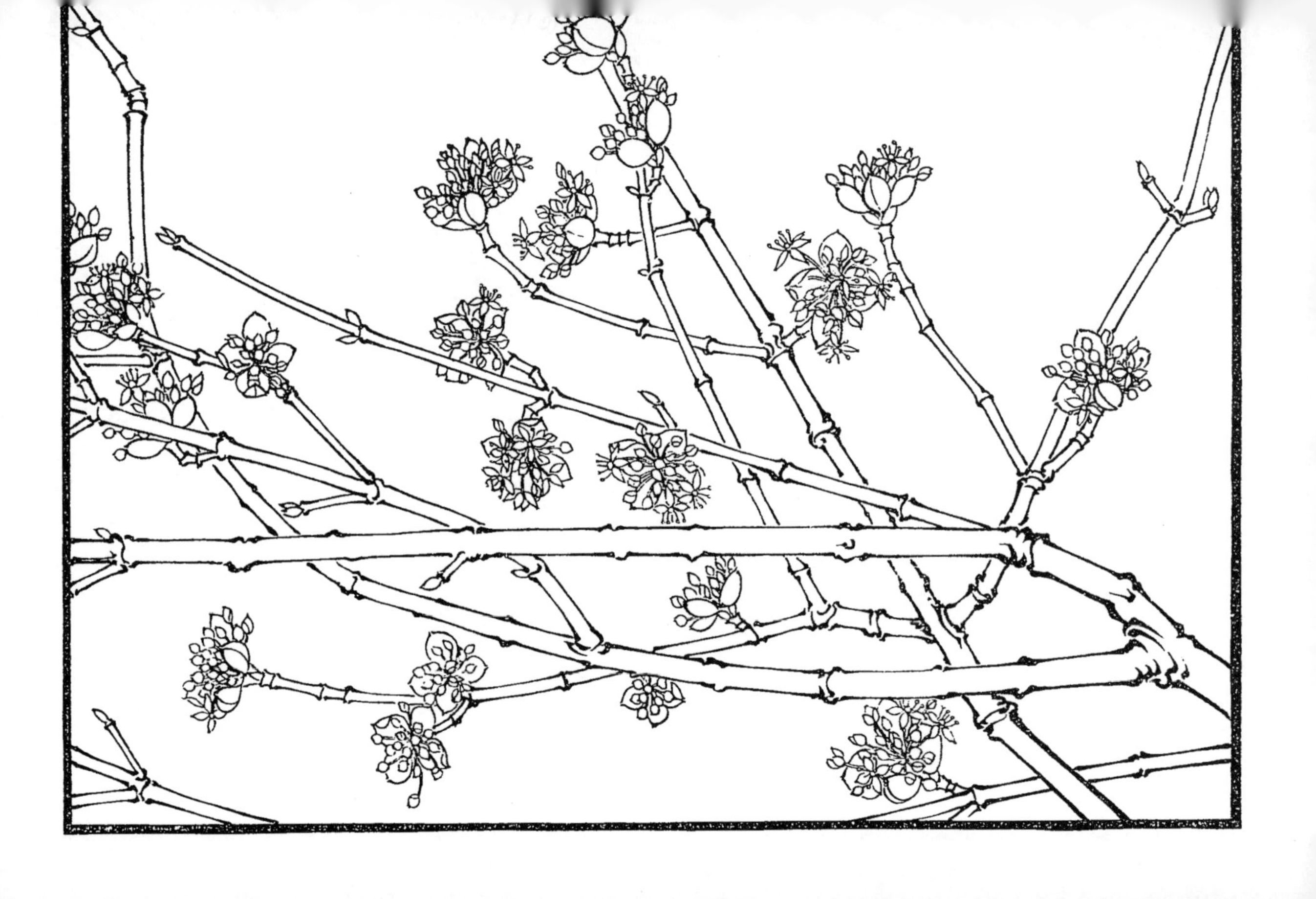

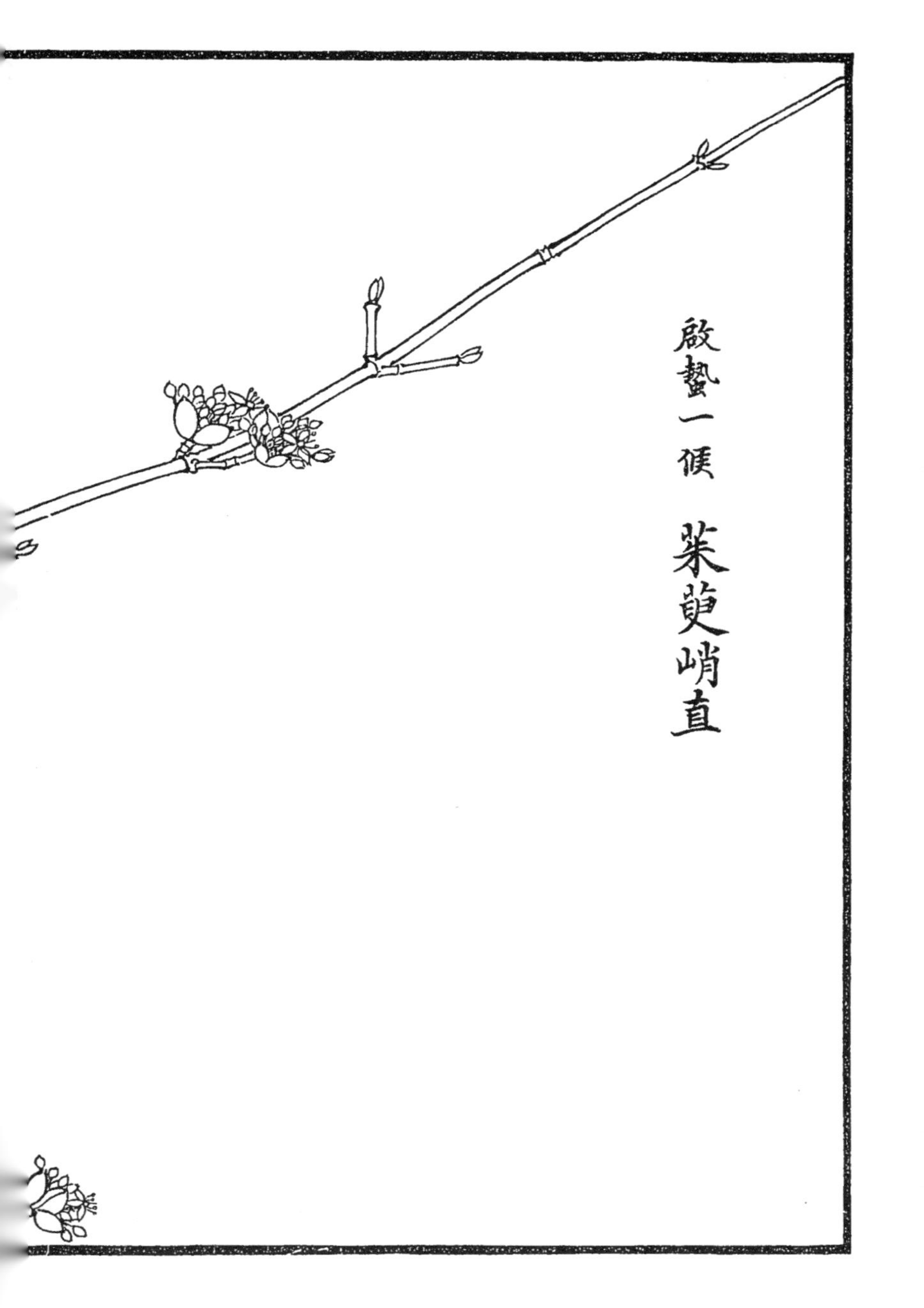
啟蟄一候
茱萸峭直

春分二候

杏林術慙

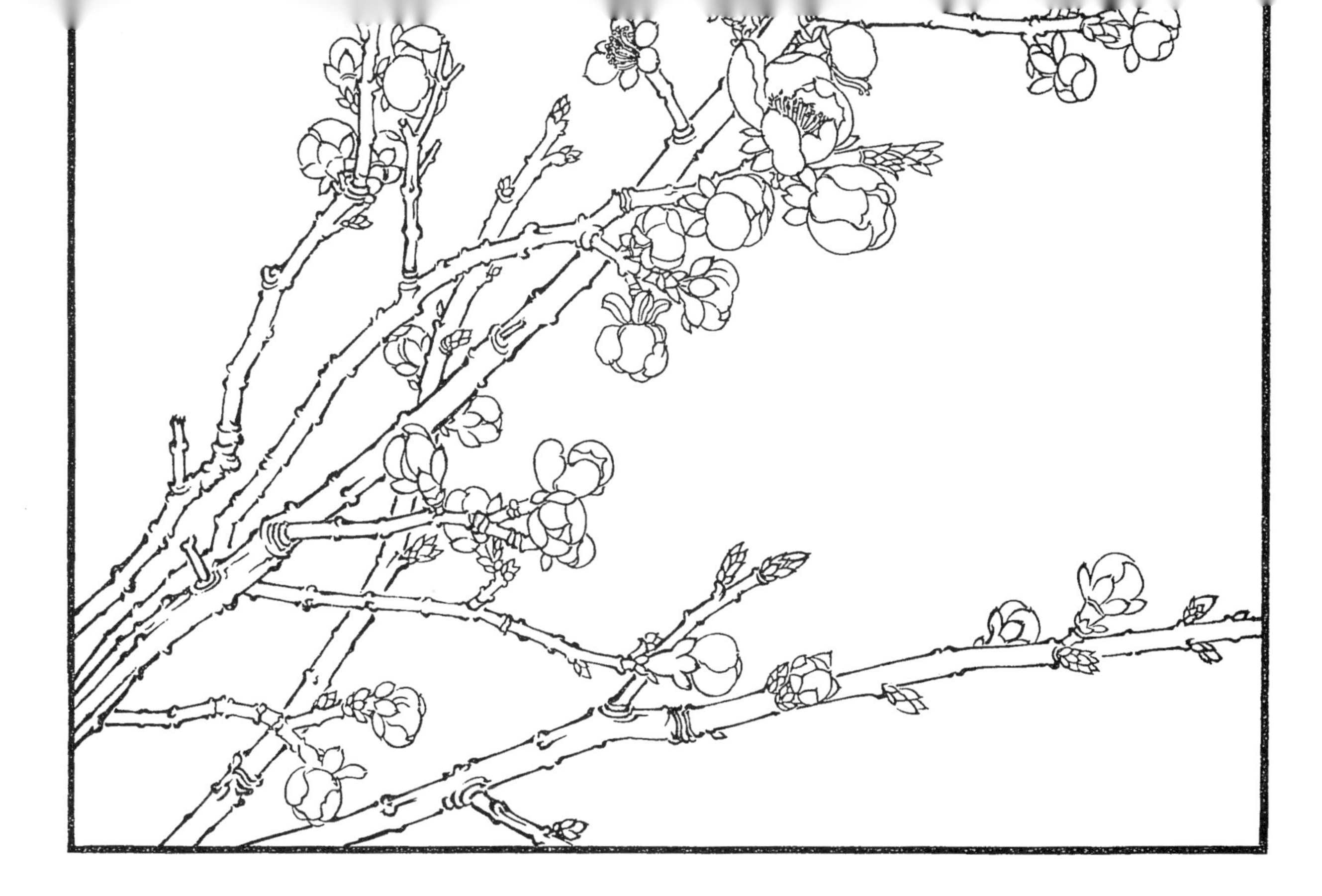

清明一候
玉蘭綻放

穀雨三候

紅玉映茵

立夏二候

石巖水濱

小滿一候
紅藥殿春

夏至二候

安石榴明

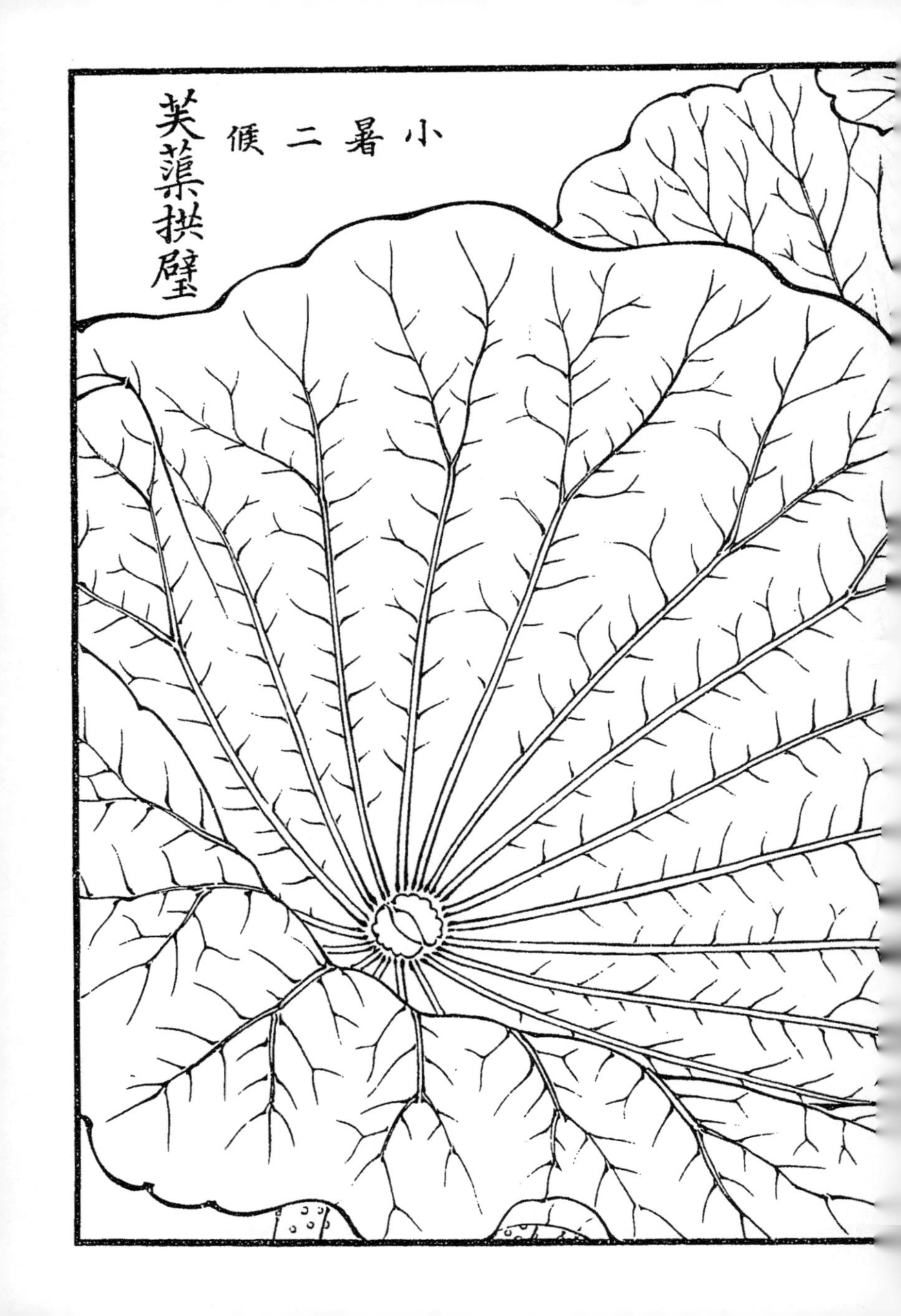
小暑二候
芙蕖拱壁

大暑一候 茉莉雪香

立秋二候
君子有章

處暑一候

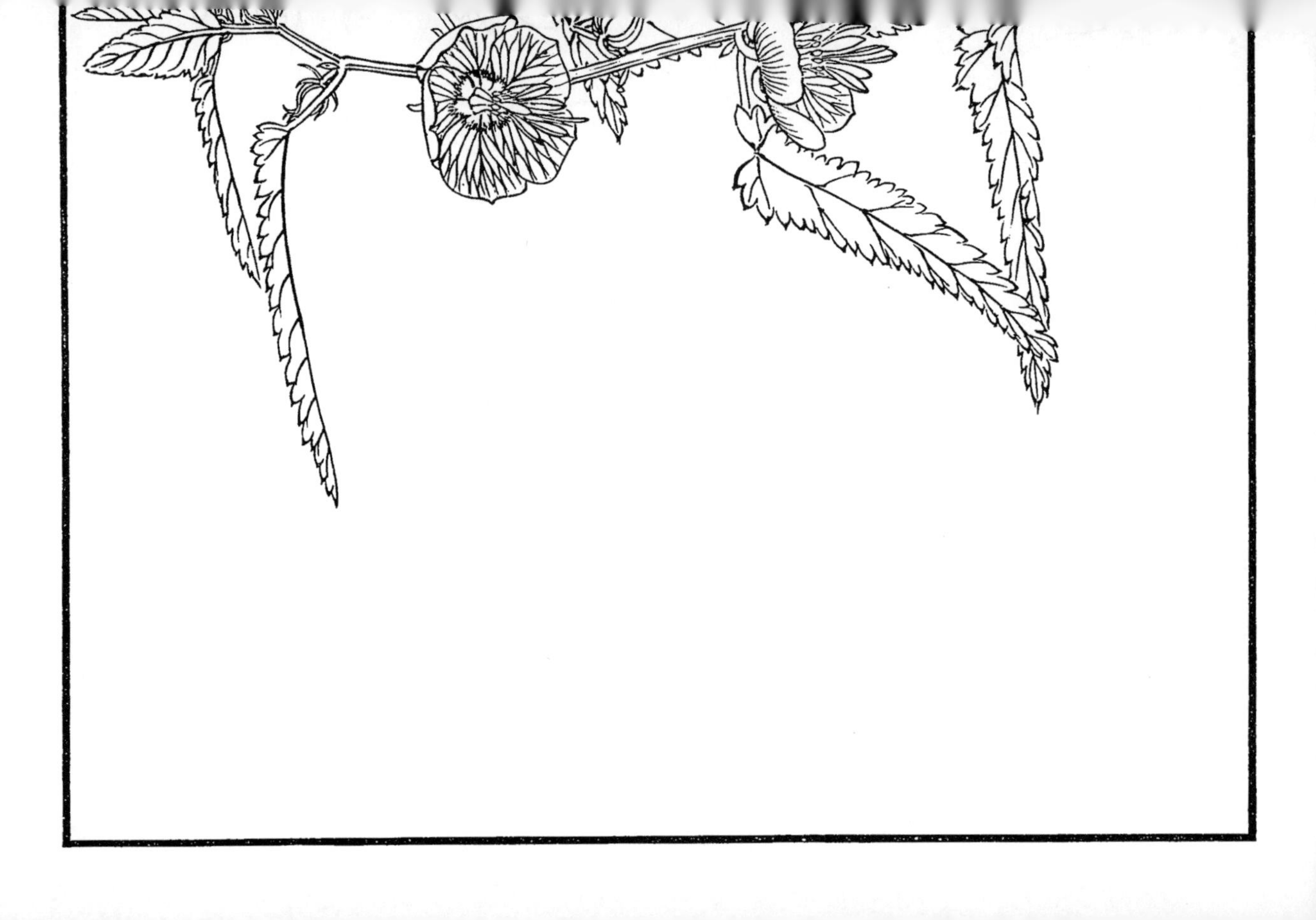

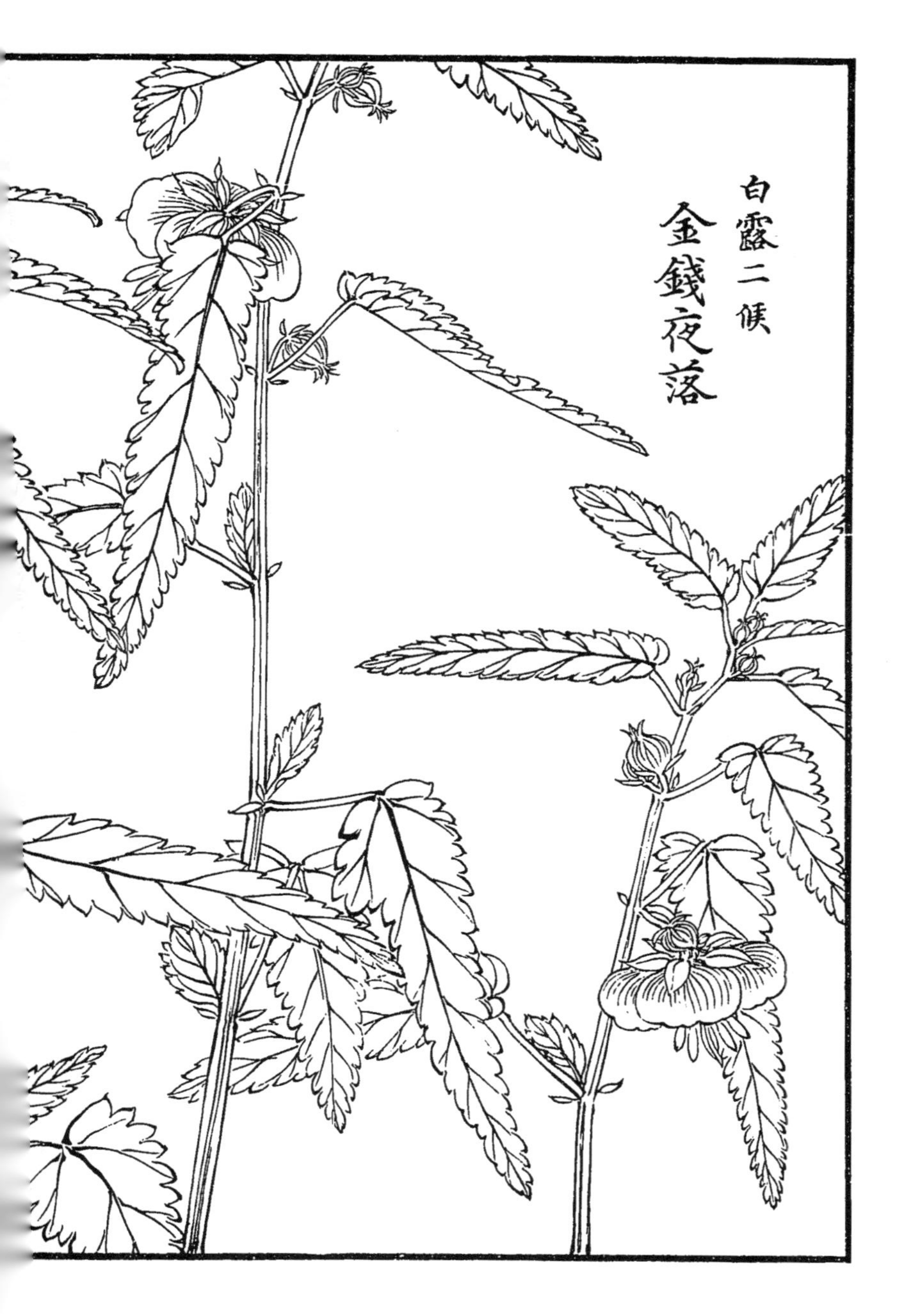
白露二候
金錢夜落

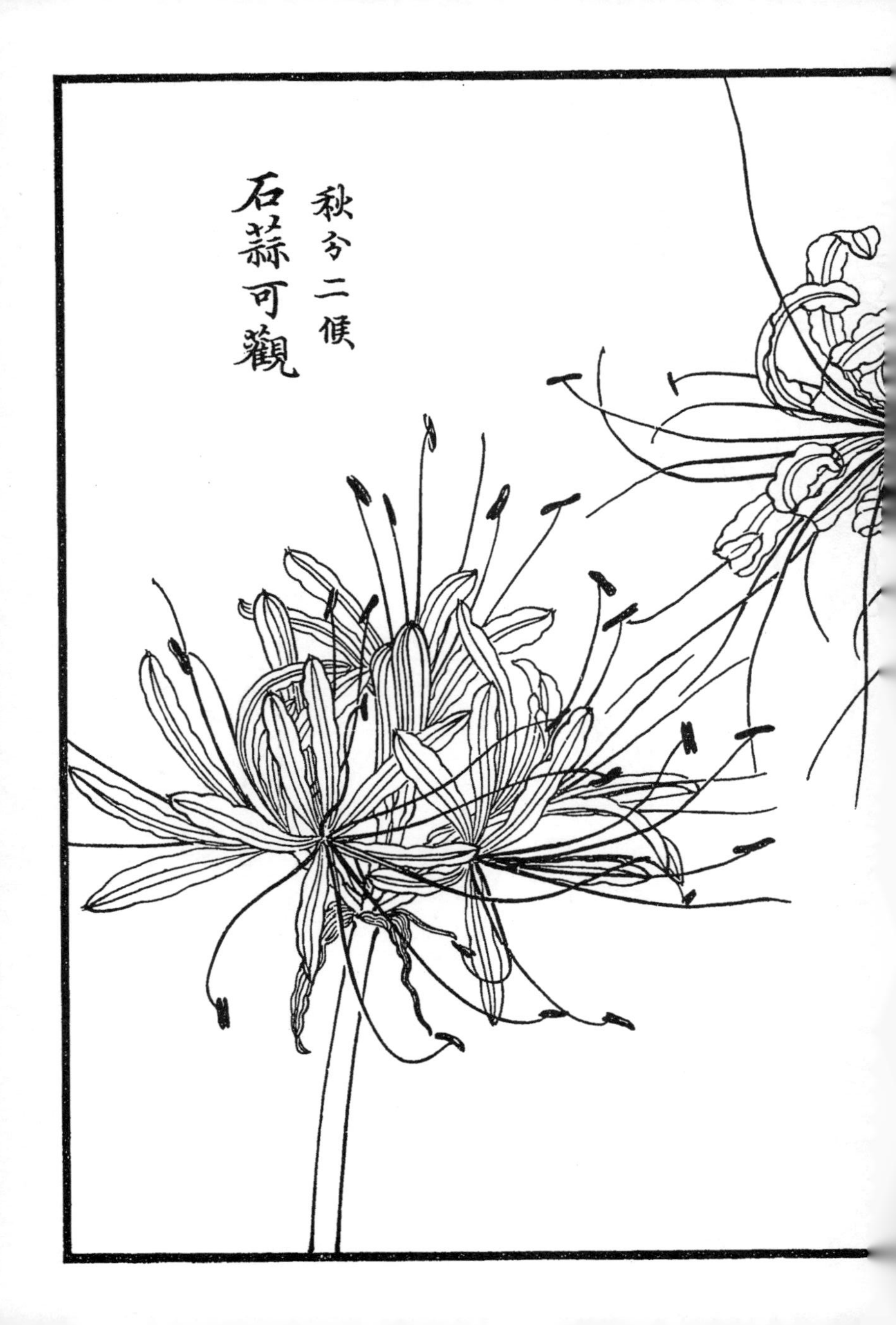
秋分二候
石蒜可觀

寒露一候
秋海棠
断肠

霜降一候 芙蓉臨汀

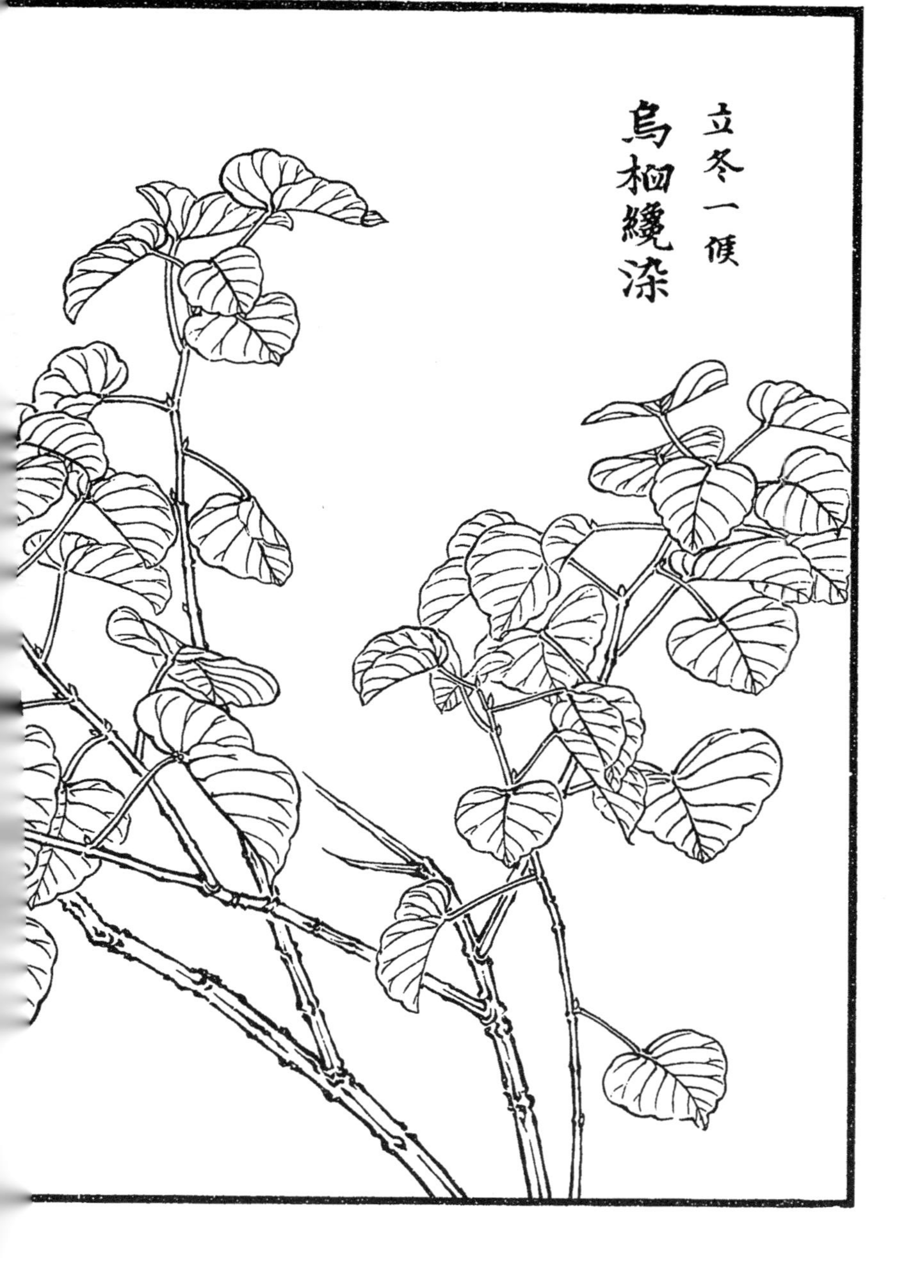
立冬一候
烏桕纔染

小雪一候　菟茗氣吐

大雪二候
山茶後拒

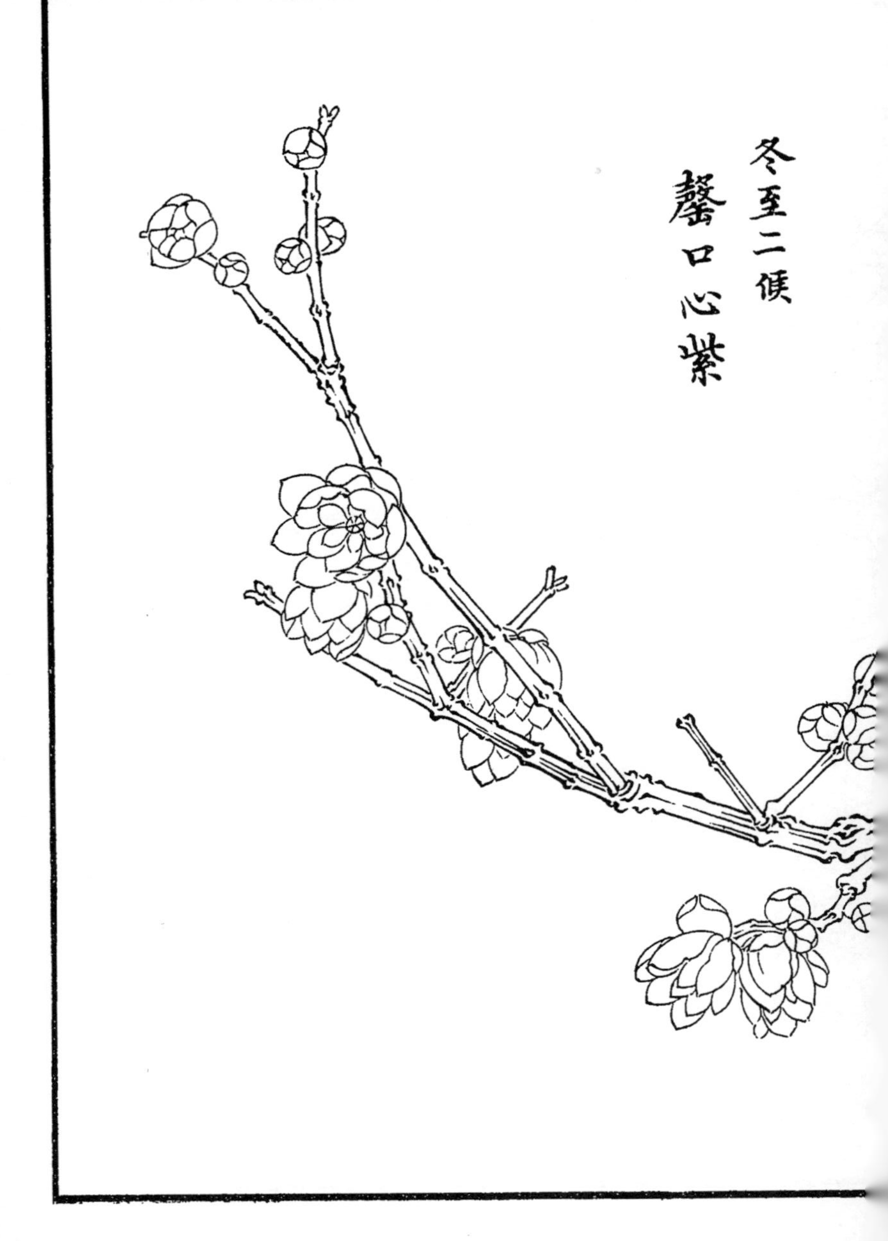
冬至二候
馨口心紫

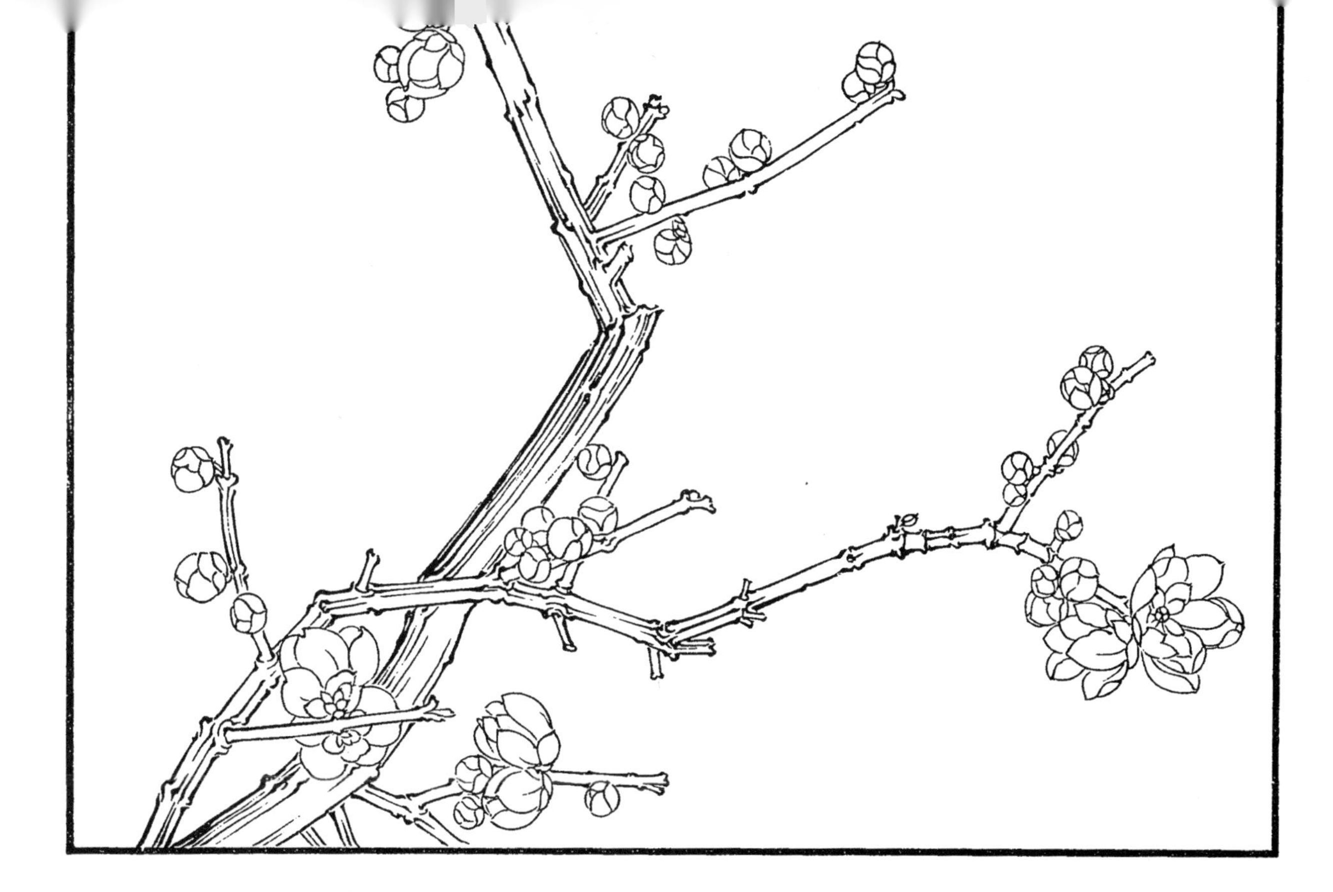

小寒三候

木筆書空

大寒二候　獐百善喻

观念，流传尤其广泛。

在传统的农业时代，不仅各项重要农业生产活动的安排离不开节气知识，日常的衣食住行和一般的社会生活也常常会受到节气系统的约束。这一点，仅从『种田无定例，全靠看节气』『清明前后，种瓜点豆』『冬至大过年』之类人们耳熟能详又不胜枚举的谚语中，就可见一斑。在城市化、工业化进程不断加快的背景下，随着社会生产与生活方式的逐渐转型，二十四节气在具体生产活动中发挥指导作用的机会也逐渐减少，但是，它对日常生活的影响却始终在延续，甚至还在一些方面焕发出了新的生命力。例如北京一些大医院夏天推出『三伏贴』，冬季推出『三九贴』，这种治疗方式的时间依据正是夏至和冬至这两个节气。可见，在人们的观念中，人的生命运行规律同以节气所标定的自然运行秩序处在相互感应、协调一致的状态，二十四节气知识已经融会在广大民众的宇宙观和生命观中，成了人们思考相关问题和处理日常行动的基本指南。

从古至今，二十四节气长期鲜活地在中国人的日常生活与生产活动中发挥着重要影响。这种特征，同相关学术界及社会上大都把非遗与『濒危性』直接对应起来的认识之间有着很大的差距，但是，这却恰恰体现了『非物质文化遗产』的真正内涵，即『被各社区、群体，有时是个人，视为其文化遗产组成部分的社会实践、观念表述、表现形式、知识、技能以及相关的工具、实物、

每个人都是二十四节气的传承人

二〇一六年十一月三十日当地时间十二点三十分，在埃塞俄比亚首都亚的斯亚贝巴联合国非洲经济委员会会议中心，联合国教科文组织保护非物质文化遗产政府间委员会第十一届常会正式通过决议，将中国申报的『二十四节气——中国人通过观察太阳周年运动而形成的时间知识体系及其实践』列入『人类非物质文化遗产代表作名录』（下文简称『名录』）。这是时隔三年之后，中国再次有项目被列入代表作名录。作为教科文组织非遗审查机构中国民俗学会评审团队的成员之一，我在现场亲历了这一激动人心的时刻，感到万分荣幸。

二十四节气是在中国农耕文明发展的历史长河中逐渐形成和完善起来的一套知识系统，它以黄河流域的气候、物候为基础而确立，但影响却遍及全中国，甚至远及东亚和东南亚许多国家，成了中国以及不少邻国的民众理解自然变化并据以安排农事生产和日常行动的根本参照。其中所体现的以对自然的观察和认识为基础、通过调整人类行动方式来顺天应时以达到天人合一境地的基本

有的则『默默无闻』，似乎只充当着整个知识系统中『螺丝钉』的角色。不过，这只是从相对静态的角度得出的概括性分析，假如结合不同地区有关各个节气的动态处理方式来看，我们又会发现，每个节气在具体生活中都有可能大放异彩，展示出具有地方适应性的独特魅力。例如，湖南省安仁县春分时节有盛大的赶分节，浙江杭州要在立夏时举行盛大的庆祝活动，湖南花垣等地则在立秋时要组织赶秋节，等等。可以说，对于二十四节气这一完整的知识体系，不同地区的人民在接受其整体的前提下，又有选择地对其中某些与自己关联密切的要素予以了特别的关注。

二十四节气是中国人的发明，但其影响早已跨越国界，成为了东亚和东南亚各国人民共享的知识。有关二十四节气的诸多具体知识，或许只有特定地区或较少数量的人群有比较清晰的掌握，但这一知识系统却潜移默化地影响着几乎所有中国人的日常生活，也就是说，我们每个人都是二十四节气的传承人。就此而言，围绕二十四节气相关问题进行积极的调查、搜集、研究、出版和推广等工作，对于我们更加全面、深入地了解和认识这一作为自己传统重要有机组成部分的知识体系，更为有效地维护这一知识体系的传承和发展，都具有不可忽视的意义。而这一点，也正是本书出版的价值所在。

安德明

手工艺品和文化空间』。也就是说，一种传统文化事象究竟能否被看作非遗，能否列入代表作名录，同它是否处于濒危状态并没有必然的联系，最关键的，反而是它在现实生活中的活态传承：它必须是一种活着的遗产，与活着的人的生活实践密不可分。相反，假如某种文化现象已经不在实际生活中存活而变成了博物馆保存的内容，那么，它就不能够被当成非遗来看待。这一点，可以说是二十四节气列入人类非遗代表作名录在纠正相关认识方面所具有的特殊意义。

二十四节气的活态性特征，尤其突出地表现在不同地方对这一庞大知识系统的理解与实践的多样性上。前文所提到的谚语『清明前后，种瓜点豆』，也有不少地方表述为『谷雨前后，种瓜点豆』，这类有关同一种农事活动具有差异性的安排时间的谚语十分丰富，从中可以清楚地看到不同地方根据具体环境对同一套知识系统的灵活运用。

更加值得注意的是，一般来说，这二十四个节气在人们生活中并非均质地发挥着影响，它们当中，有的『声名显赫』，备受关注，

图书在版编目（CIP）数据

花开未觉岁月深：二十四节气七十二候花信风 / 丁鹏勃，任彤撰文；巨势小石绘. -- 北京：中国画报出版社，2018.8

ISBN 978-7-5146-1629-3

Ⅰ. ①花… Ⅱ. ①丁… ②任… ③巨… Ⅲ. ①二十四节气－通俗读物②植物－图集 Ⅳ. ①P462-49②Q94-6

中国版本图书馆CIP数据核字(2018)第119608号

花开未觉岁月深：二十四节气七十二候花信风

丁鹏勃 任彤 撰文 [日] 巨势小石 绘

出 版 人：于九涛
策划编辑：张文杰
责任编辑：代莹莹
植物鉴赏：义鸣放
装帧设计：视觉共振设计工作室
责任印制：焦 洋

出版发行：中国画报出版社
地 址：中国北京市海淀区车公庄西路33号 邮编：100048
发 行 部：010-68469781 010-68414683（传真）
总编室兼传真：010-88417359 版权部：010-88417359

开 本：32 开（787 mm×1092mm）
印 张：8.25
字 数：100千字
版 次：2018年8月第1版 2018年8月第1次印刷
印 刷：北京隆晖伟业彩色印刷有限公司
书 号：ISBN 978-7-5146-1629-3
定 价：68.00元